全国教育科学"十一五"规划课题研究成果

U0116232

大学计算机基础实践教程

Daxue Jisuanji Jichu Shijian Jiaocheng

（第2版）

彭国星　刘　强　朱文球　主编

张建伟　何丽平　黄贤明　刘　莉　蒋　鸿　编

高等教育出版社·北京

HIGHER EDUCATION PRESS BEIJING

内容提要

　　本书以"三维化"的信息素养培养为出发点,着重强调培养学生的动手能力和计算机应用能力。本书共分两部分。第一部分为课程实验,根据教学基本要求安排了围绕 14 个知识点的 42 个实验,每个实验都设有"实验目的"、"实验环境"、"实验内容与步骤"以及"课后思考与练习"。第二部分为综合应用能力训练,根据教学要求,安排了 6 组综合应用能力训练,供学生在课程结束后进行自我测试。最后为附录,供学有余力的学生课外学习参考。

　　本书可作为高等学校各专业"大学计算机基础"课程的实验指导书,也可作为相关计算机培训班的培训教材,同时还可作为从事计算机应用的科技人员的参考书。

图书在版编目（CIP）数据

大学计算机基础实践教程/彭国星,刘强,朱文球主编. —2 版.
—北京：高等教育出版社,2011.8
ISBN 978 - 7 - 04 - 033431 - 9

Ⅰ.①大…　Ⅱ.①彭…　②刘…　③朱…　Ⅲ.①电子计算机 - 高等学校 - 教学参考资料　Ⅳ.①TP3

中国版本图书馆 CIP 数据核字（2011）第 150548 号

策划编辑　刘　艳　　　责任编辑　刘　艳　　　封面设计　杨立新　　　版式设计　范晓红
责任校对　胡晓琪　　　责任印制　尤　静

出版发行　高等教育出版社
社　　址　北京市西城区德外大街 4 号
邮政编码　100120
印　　刷　人民教育出版社印刷厂
开　　本　787× 1092 1/16
印　　张　14
字　　数　340 000
购书热线　010-58581118
咨询电话　400-810-0598

网　　址　http://www.hep.edu.cn
　　　　　http://www.hep.com.cn
网上订购　http://www.landraco.com
　　　　　http://www.landraco.com.cn
版　　次　2010 年 7 月第 1 版
　　　　　2011 年 8 月第 2 版
印　　次　2011 年 9 月第 2 次印刷
定　　价　20.00 元

第 2 版前言

从知识、能力、道德三方面着手,注重计算思维的培养和计算能力的训练,以全面提升学生的信息素养。依照这个思路,本书对前一版教材做了修订,充实和完善了部分实验内容。

本书是与主教材《大学计算机基础(第 2 版)》配套的实验指导书,注重培养学生的上机实践能力和综合运用知识解决实际问题的能力。本书结合"大学计算机基础"课程的教学内容共分为 14 个知识点,42 个实验,主要实验内容包括计算机的基本操作、操作系统基础、Office 2007 办公软件、常用工具软件、网络技术基础、网页设计与制作、网络安全设置、信息检索与应用、电子商务、Matlab 与数值分析、多媒体技术以及数据库基础等。此外,还安排了6 组综合应用能力训练,供学生在课程结束后进行自我测试。本书最后提供了 4 个附录,介绍了一些常用快捷操作的方法,让学生能够灵活运用软件。本书在前一版的基础上增加了Matlab 与数值分析实验,以引导学生进行计算思维的训练。

本书涉及的计算机应用知识丰富,可以满足不同学时的教学要求。在实验顺序方面,大多数实验项目并没有严格的先后次序,在教学过程中可以根据实际情况有所取舍和调整。

本书由彭国星、刘强、朱文球主编,张建伟、何丽平、黄贤明、刘莉、蒋鸿参与了修订工作。李长云教授审阅了全部书稿,在此表示衷心的感谢。

本书不仅可作为《大学计算机基础(第 2 版)》配套的实验指导书,也可作为"大学计算机基础"课程的教学参考书。由于本书编写时间十分紧迫,书中难免有不妥之处,恳请读者批评指正。编者的电子邮件地址是 liuq1016@126.com。

编 者
2011 年 6 月

第1版前言

"大学计算机基础"是一门实践性很强的公共基础课程,计算机知识的掌握与操作能力的培养在很大程度上依赖于学生的上机实践,只有加强实践教学,才能培养学生的上机操作能力,以及解决实际问题和综合运用计算机知识的能力。

本书是"大学计算机基础"课程的实践教材,是全国教育科学"十一五"规划课题研究成果。本书结合"大学计算机基础"的教学内容,共分为13个知识点,39个实验,主要实验内容包括计算机的基本操作、操作系统基础、Office 2007办公软件、常用工具软件的使用、多媒体技术基础、数据库基础、网页设计与制作、网络技术基础、网络安全设置、信息检索与应用基础以及电子商务等。此外,还提供了6组综合应用能力训练,最后提供了4个附录。本书实验内容丰富、覆盖面广、图文并茂,有助于培养学生的动手能力。

本书涉及的计算机应用知识面较宽,可以满足不同学时的教学需要,并且适应不同基础的学生。在实验顺序方面,大多数实验项目并没有严格的先后次序,教学中可以根据实际情况进行取舍和调整。

本书由朱文球、刘强、张阿敏主编,蒋鸿、饶居华、陈莉丽、舒杨、杨名念、杨旌、张建伟等参与了编写。朱文球、刘强、张阿敏负责全书的统稿工作。

为方便教学与学习,本书配套有电子教案、教学素材及试题库等辅助资源,读者可以从课程网站 http://jsjjc.hut.edu.cn 上下载,也可直接联系作者,作者的电子邮件地址是:jsjx210@126.com。

本书不仅可作为《大学计算机基础》配套的实验指导书,也可作为高等学校计算机基础课程的教学参考书。由于本书编写时间十分紧迫,书中难免有不妥之处,恳请读者批评指正。

编　者
2010 年 4 月

目　录

第二部分　综合应用能力训练

第一部分　课　程　实　验

第一部分 界限与实数

第1章 计算机的基本操作

1.1 计算机的启动、关闭及基本指法练习

1.1.1 实验目的

1. 掌握计算机启动与关闭的方法。
2. 了解计算机键盘的组成及键位分布。
3. 通过指法练习,掌握打字要领,能够熟练地进行中英文输入。

1.1.2 实验环境

1. 微型计算机
2. Windows XP 操作系统
3. 金山打字通

1.1.3 实验内容与步骤

1. 计算机的启动

计算机的启动,又称为开机,通常有两种方法,即冷启动和热启动。

(1) 冷启动

冷启动是在计算机完全关闭(关闭电源)的情况下,通过开启电源开关直接启动计算机系统。冷启动会对硬件进行复位,启动过程中会检查硬件,并重新装载操作系统。冷启动时要注意开机顺序,即先开外部设备,后开主机。例如,在需要使用打印机的情况下,依次打开打印机开关、显示器开关、主机开关。开机后,屏幕上会出现启动界面,直到进入 Windows 桌面。

(2) 热启动

热启动是在计算机尚未关闭(仍然通电)的情况下,由于出现"软件错误"等特殊原因需要重新启动计算机系统而进行的操作。热启动也是一次软件复位。热启动清除易失性系统内存,并重新装载操作系统。具体方法是,按下键盘上的 Ctrl + Alt + Delete 键,按照所打开的对话框上的提示根据需要进行操作,即可重新启动计算机。当用上述方法热启动计算机不成功时,利用主机机箱上的 Reset 键也可以重新启动计算机。

2. 计算机的关闭

计算机的关闭,又称为关机。与开机的顺序相反,关机时要先关主机,再关显示器以及其他外部设备。关机的方法有如下几种。

① 在 Windows 环境中,单击任务栏左下方的"开始"按钮,在弹出的开始菜单中依次选

择"关机"、"关闭计算机"。

② 按下键盘上的 Ctrl + Alt + Delete 键,在打开的对话框中选择"关闭计算机"。

③ 按住主机开关约 5 ~ 10 秒钟。

3. 指法练习预备知识

(1)键盘输入要求

进行键盘输入时,要求精力集中,姿势正确。具体要求如下。

① 坐姿要求。腰部挺直,双脚平放;身体可略倾斜,距离键盘约为 20 ~ 30 厘米;眼睛注视打字稿或屏幕,尽量做到不看键盘,如图 1 - 1 所示。

② 手臂、肘、腕要求。手臂自然下垂,两臂贴于腋边,不能靠紧键盘。

③ 手指要求。键盘输入时的手指姿势如图 1 - 2 所示。用手击键时,要迅速、果断而富有弹性。

图 1 - 1 坐姿要求   图 1 - 2 手指姿势

(2)键盘的分区

一般将键盘分成 5 个区,即主键盘区、功能键区、编辑键区、辅助键区、状态指示区,如图 1 - 3 所示。

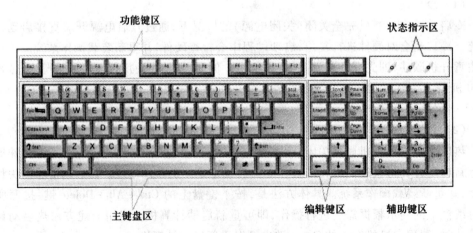

图 1 - 3 键盘的分区

(3)手指分工

键盘输入时,两个大拇指放在空格键上,其余 8 个手指则分别放在基本键上。键盘的基本键如图 1 - 4 所示,其中 F、J 为基准键,分别为左、右手食指的指定键位。

图1-4　基本键

每个手指除了指定的基本键外,还分工负责其他键,称为它的范围键。各手指的范围键如图1-5所示。其中,2、W、S、X和9、O、L、.键由无名指负责,3、E、D、C和8、I、K、,键由中指负责,4、R、F、V,5、T、G、B和7、U、J、M,6、Y、H、N键分别由左右手食指负责,1、Q、A、Z,0、P、;、/及有关键位由小拇指负责,空格键由大拇指负责。

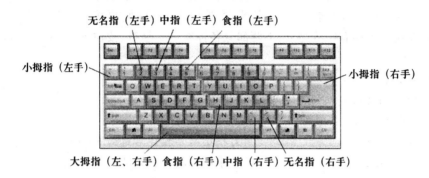

图1-5　各手指的范围键

（4）指法练习要领

① 进行指法练习时,一定要将手指按照分工放在键盘的正确位置上。

② 左、右手指放在基本键上,如果要敲击范围键,则击完键后迅速返回原位。食指击键时要注意键位角度;小拇指击键力量要保持均匀;对于数字键可采用跳跃式的击键方式。

③ 要记住键盘上各键的位置,并体会敲击不同键时手指的感觉,逐步养成不看键盘输入的习惯。

④ 进行指法练习时必须集中精力,做到手、脑、眼协调一致,尽量避免一边看原稿一边看键盘,这样容易分散记忆力。

⑤ 刚开始进行指法练习时,不要求输入速度快,但一定要保证输入的准确性。

4．指法练习

（1）利用打字练习软件,进行指法练习。

【操作要求】

启动金山打字通(或其他打字练习软件),选择"英文打字"部分,进行指法练习。

注意:练习指法时最好一开始就进行"盲打",即不看键盘,只看屏幕敲击键盘。对键盘分布不熟悉的人可以把键位表放在屏幕旁边。

① 英文输入练习

首先进行基本指法练习,熟悉各个键的位置,接着练习输入单词。英文输入练习主要是进行指法的基本功训练,并学会盲打。

② 汉字输入练习

汉字输入时,可采用拼音输入法。在使用拼音输入法输入汉字时要注意用 V 键来表示韵母"ü"。

汉字输入时还要注意输入法的切换。一般情况下,Windows 操作系统都带有若干种汉字输入法。

在 Windows 中,按 Ctrl + Shift 键可在已安装的输入法之间进行切换;按 Ctrl + Space 键可以实现英文输入和中文输入之间的切换;而按 Shift + Space 键,则可以进行全角输入和半角输入之间的切换。

(2) 主要功能键的练习

① Shift 键(换挡键)

Shift 键又称换挡键。按住 Shift 键再按其他键,就能够实现换挡输入。例如,在小写输入状态下,直接按字母键会输入小写字母;若是按住 Shift 键,再按字母键就会输入大写字母。另外,在键盘上还有一些键上、下两部分各标有一个字符,按住 Shift 键可实现这类键上部字符的输入。

【操作要求】

在金山打字通(或其他打字练习软件)中进行如下练习。

利用 Shift 键输入下列字符(3~5 次):

! @ # $ % ^	(用右手小拇指按住右边的 Shift 键)
& * ( ) — + < > ?	(用左手小拇指按住左边的 Shift 键)
ASDFG QWERT BVCXZ	(用右手小拇指按右边的 Shift 键)
HJKL:YUIOP MN < > ?	(用左手小拇指按住左边的 Shift 键)

② Caps Lock 键(大小写字母转换开关键)

按下此键,计算机键盘右上角的 Caps Lock 指示灯亮。这时,按字母键会输入大写字母;再次按下 Caps Lock 键,指示灯灭,此时,按字母键又会重新输入小写字母。

【操作要求】

用左手小拇指按一下键盘左边的 Caps Lock 键,观察键盘右上角对应的 Caps Lock 指示灯。可以看到,指示灯变亮,此时键盘输入呈大写字母输入状态。输入"abcd",观察屏幕输入结果。

再按一次 Caps Lock 键,观察键盘右上角的 Caps Lock 指示灯。可以看到指示灯灭,此时,输入状态恢复到小写字母形式,再输入"abcd",观察屏幕结果。

③ 其他功能键

* Ctrl 键、Alt 键(控制键):必须与其他键一起使用。
* Back Space 键(退格键):一般用来删除光标左边的字符。
* Enter 键(换行键或回车键):一般用来确认输入的信息,或在编辑软件中实现换行的功能。
* Space 键:一般用来输入空格,即输入不可见字符,使光标右移,是使用得最多的按键之一。
* Tab 键(跳格键):每按一次,光标向右跳 8 个字符的宽度。
* Pause 键(暂停操作键):可中止某些程序的执行,特别是 DOS 程序,现在在 Windows 操作系统下已经很少使用。

- F1～F12 功能键：它们的功能根据具体的操作系统或应用程序而定。
- 编辑键：包括插入字符的 Insert 键，删除当前光标位置字符的 Delete 键，将光标移至行首的 Home 键和将光标移至行尾的 End 键，向上翻页的 Page Up 键和向下翻页的 Page Down 键，以及上、下、左、右 4 个方向键。
- 辅助键（小键盘区）：有 10 个数字键，可用于数字的连续输入，常在大量输入数字的情况下使用。当使用小键盘输入数字时应按下 Num Lock 键，此时对应的指示灯亮。

1.1.4　课后思考与练习

1. 如何记住键盘上每一个按键的位置？
2. 如果经常开关计算机，对其是否有损伤？
3. 利用金山打字通练习拼音输入法，要求打字速度至少达到每分钟输入 30 个汉字。
4. 打开 Microsoft Word，任选一种输入法输入以下文字，测试自己的打字速度。要求在 10 分钟之内完成。

如何挖掘人的潜力，最大限度地发挥其积极性与主观能动性，这是每个管理者苦苦思索与追求的。在实行这一目标时，人们谈得最多的话题就是激励手段。在实施激励的过程中，人们采取的较为普遍的方式与手段是根据绩效给员工以相应的奖金、工资、晋升、培训深造、福利等，以此来唤起人们的工作热情和创新精神。的确，高工资、高奖金、晋升机会、培训、优厚的福利，对于有足够经济实力，并且能有效操作这一机制的机构与企业来说，是一副有效激发员工奋发向上的兴奋剂。但如果在企业发展的初期，或企业还不具备这样的经济实力，那么又如何进行激励呢？再有在执行高工资、高奖金、晋升、培训、福利机制的过程中，如果出现因操作不当而导致的分配不均、相互攀比、消极怠工等副作用，又如何评价这些手段和处理这些关系呢？高工资、高奖金、晋升机会、培训、优厚的福利是激励的唯一手段吗？是否还有更好的激励途径和手段呢？答案是有，那就是包容与信任！其实，最简单、最持久、最"廉价"、最深刻的激励就来自于包容与信任。

1.2　计算机的组装

1.2.1　实验目的

1. 了解计算机的内部结构及基本组成。
2. 熟悉计算机各部件之间的连接及整机配置。
3. 掌握计算机的组装方法。
4. 了解组装计算机的常用工具。

1.2.2　实验环境

1. 带磁性的平口螺丝刀和十字螺丝刀
2. 尖嘴钳
3. 捆扎电缆线用的捆扎线
4. 组成微型计算机的各部件及设备

1.2.3 实验内容与步骤

实验内容

1. 了解计算机硬件配置,以及计算机组装的一般流程和注意事项。

2. 自己动手配置、组装一台计算机。

实验步骤

1. 组装前的准备

① 检查所有需要安装的部件及工具是否齐全。

② 释放身上所带的静电。

2. 基础安装

(1) 安装主机机箱电源

将计算机主机机箱后部预留的开口与电源背面螺丝的位置对应好,用螺丝钉固定。需要注意的是,电源要固定牢,以免日后振动产生噪音。

(2) 安装主板

在计算机主机机箱底板的固定孔上打上标记,把白色塑胶固定柱或铜柱螺丝一一对应地安装在机箱底板上,然后将主板平行压在底板上,使塑胶固定柱能穿过主板的固定孔扣住,或者将铜柱螺丝拧到对应的孔位上,即可将主板安装在主机上。

安装主板需要注意的是:

① 切忌将螺丝拧得过紧,以防主板扭曲变形;

② 主板与底板之间不要有异物,以防短路;

③ 主板与底板之间可以垫一些硬泡沫塑料,以减少插拔扩展卡时的压力。

(3) 中央处理器(CPU)和散热风扇的安装

① CPU 的安装

在主板上找到 CPU 插座,将 CPU 的 ZIF(Zero Insertion Force,零拔插力式)插座旁的压杆拉起,并使 CPU 的针脚与插座针脚一一对应,然后把 CPU 平稳地插入插座,拉下压杆锁定 CPU。

② 安装 CPU 的散热风扇

为了使 CPU 能正常工作,必须安装散热风扇对 CPU 进行散热。为达到更好的散热效果,需要在 CPU 内核上涂抹散热膏,常用的散热膏是导热硅脂。调整散热风扇的位置,使之与 CPU 内核接触,然后一只手按住散热风扇使其紧贴 CPU,另一只手向下按散热风扇卡夹的扳手,直到其套在 CPU 插座上。然后,把风扇电源线接到主板上有 CPU fan 或 fan1 字样的电源接口上。

(4) 安装内存条

在主板上找到内存插槽,打开内存插槽两边的扣具,当内存条缺口对着内存插槽上的凸棱时,将内存条平行插入插槽,并用力插到底。在听到"啪"的一声响后,扣具会自动将内存条卡住,即说明内存安装到位。注意内存条的规格必须与主板相配。

(5) 安装主板的电源线

将主板 20 针或 24 针的电源接头插到主板相应的插座上。

(6) 连接面板各按钮和指示灯插头

- SPEAKER 表示连接机箱喇叭(一般是四针);
- POWER LED 表示连接机箱上的电源指示灯(一般是三针);
- KEYLOCK 表示连接机箱上的键盘锁(一般是三针);
- HDD LED 表示连接硬盘指示灯;
- POWER SW 表示连接电源开关;
- RESET SWITCH 表示连接重启开关。

(7) 安装显卡

拆除主机机箱上为安装显卡预留的挡片,将显卡插头部分金色金属片(又称"金手指")上的缺口对应主板上 AGP 插槽或 PCI - E 16X 插槽的凸棱,将显卡安装在插槽中,用螺丝固定,并连接显卡电源线。

(8) 安装显示器电源接头

将显示器的 VGA 接头(15 针 D - sub 接口)接到主机机箱后部的显卡输出接口上。

(9) 开机自检

将电源打开,如果能顺利出现开机界面,并且伴随一声短鸣,显示器显示正常的信息,最后停在找不到键盘的错误信息提示下,就说明至此基础部分已经安装完成,可继续进行下一步安装。

如果有问题,则需要重新检查以上步骤。需要注意的是,一定要在开机正常的情况下才能进行下一步的安装,以免对组装测试造成混淆。

3. 内部设备安装

(1) 安装软驱

将主机和显示器分离,拆除主机机箱上为安装软驱预留的挡板,将软驱从外向内推入到机箱下方的软驱固定架内,拧上 4 颗细牙螺丝,调整软驱的位置,使它与主机机箱面板对齐,并拧紧螺丝。

注意,现在的计算机中一般不再安装软驱,取而代之的是 USB 接口或其他移动存储设备接口。

(2) 安装硬盘

将硬盘推入到硬盘固定架内,将硬盘专用的粗牙螺丝轻轻拧上去,调整硬盘的位置,使它靠近主机机箱的前面板,并拧紧螺丝。

(3) 安装光驱或 DVD 驱动器

拆掉主机机箱前面板上为安装 5.25 英寸设备而预留的挡板,将光驱从外向内推入到固定架中,拧上细牙螺丝,调整光驱的位置,使它与主机机箱面板对齐,并拧紧螺丝。

(4) 连接电源线和数据线

把计算机电源引出的 4 针 D 型电源线或 SATA 电源接到硬盘和光驱的电源接口上,然后连接硬盘和光驱数据线,通过硬盘和光驱数据线将硬盘和光驱分别接在主板 SATA1 和 SATA2 接口上,如果是老版本的主板,则接在 IDE1 和 IDE2 接口上。

此外,在安装软驱的电源线和数据线时,要注意软驱的电源线接头较小,应避免使用蛮力插入,以防损坏;数据线 1 号线和接口的数字 1 对齐即可。

(5) 安装声卡,连接音频线

(6) 安装网卡等扩展卡

（7）开机自检

将键盘连接到主机上的键盘接口，并将显示器与主机相连接。再次开机测试，开机后若安装正确，则可检测出声卡和光驱的存在，而检测硬盘则必须进入 BIOS（Basic Input/Output System，基本输入输出系统），在自动检测硬盘（IDE HDD Auto Detection）界面中即可看到所安装的硬盘的有关信息。

（8）整理主机机箱内的连线

整理主机机箱内的连线时，要注意将面板上的信号线捆在一起，将用不到的电源线捆在一起。音频线要单独安置并要注意距离电源线远一些。连线整理好后，将主机机箱外壳盖起来。

4. 外部设备安装

最后，根据需要安装外部设备。例如，将调制解调器安装在适当的串口上，将打印机连接到并行口上，将音箱音频接头连接到声卡的音频输出口 SPEAKER 上，麦克风接到声卡的 MIC IN 口上，等等。

5. 实验注意事项

① 在实验前必须认真准备实验内容，实验中要严格按照实验室的有关规章进行操作。

② 对所有的部件和设备都要按说明书或指导老师的要求进行操作。

③ 实际组装过程中总会遇到一些问题，应学会根据在开机自检时发出的报警声或系统显示的出错信息发现并排除故障。

④ 注意人身和设备的安全。

⑤ 组装完成后不要急于通电，一定要反复检查，确定安装连接正确后再通电开机测试。

⑥ 在实验中养成严谨科学的工作习惯。

⑦ 切记无论安装什么部件，一定要在断电下进行。

⑧ 注意无论安装什么部件，不要使用蛮力强行插入。

⑨ 不要乱丢螺丝，以免其驻留在机箱内，造成短路，烧坏组件。

⑩ 硬盘线与光驱线最好分开，即硬盘和光驱单独连接到 IDE 接口上。

⑪ 插卡要有适当的距离，以便散热。

1.2.4　课后思考与练习

1. 登录太平洋电脑网 www.pconline.com.cn，了解最新的计算机硬件的行情。

2. 登录中关村在线网站 www.zol.com.cn 或电脑之家网站 www.pchome.net，在主页面选择"模拟攒机"，自己尝试组装一台计算机。

3. 搜集常见的计算机行情报价网站，比较最新的计算机配件行情。

1.3　BIOS 的常用设置

1.3.1　实验目的

1. 熟悉 BIOS 设置界面。

2. 掌握 BIOS 设置的内容及意义。

3. 掌握 BIOS 的基本设置方法。

1.3.2　实验环境

微型计算机

1.3.3　实验内容与步骤

实验内容

这里用 Award 公司生产的 BIOS 中的系统设置程序进行 CMOS 参数设置。

实验步骤

1. 启动 BIOS 系统设置程序

启动计算机,根据屏幕提示按 Delete 键或 F2 键,启动 BIOS 系统设置程序,稍候进入 CMOS 设置主界面,如图 1－6 所示。需要说明的是,CMOS 用来保存硬件参数信息,而 BIOS 是用于修改这些参数的程序。也就是说,BIOS 是用来设置 CMOS 参数的手段,而 CMOS 中保存了 BIOS 设定的参数和结果。

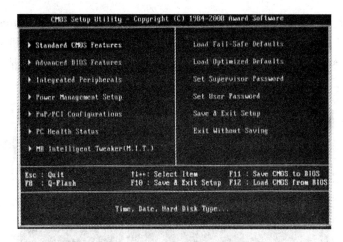

图 1－6　CMOS 设置主界面

2. 了解系统 BIOS 设置的主要功能

进入 CMOS 设置的主界面后,对照主机板说明书,全面了解其所有的 CMOS 设置功能:标准 CMOS 设置、BIOS 特征设置、芯片组功能设置、外部设备设置、电源管理设置、即插即用与 PCI 状态设置以及系统优化状态设置等。

3. Award BIOS 设置的操作方法

Award BIOS 设置的方法是,在 CMOS 设置主界面上用方向键选择要操作的项目,然后按 Enter 键进入该项目子菜单或子项,接着用方向键选择设定值,选定后按 Enter 键确认,最后按 F10 键保存改变后的 CMOS 设定值并退出,或者按 Esc 键返回主界面,在主界面中选择 "Save & Exit Setup"项,也可保存对 BIOS 的修改并退出 CMOS 设置程序。Award BIOS 设置常用操作如表 1－1 所示。

4. 常用 CMOS 系统参数的设置

(1) 标准 CMOS 设置

表 1 – 1 Award BIOS 设置常用操作

操作方法	作 用
按 ↑、↓、←、→方向键	移动到需要操作的项目上
按 Enter 键	选定此选项
按 Esc 键	从子菜单回到上一级菜单或者打开确认退出对话框
按 + 或 Page UP 键	增加数值或改变选择项
按 – 或 Page Down 键	减少数值或改变选择项
按 F1 键	主题帮助,仅在显示状态菜单和选择设定菜单时有效
按 F5 键	从 CMOS 中恢复前次的 CMOS 设定值,仅在选择设定菜单时有效
按 F6 键	从故障保护默认值表加载 CMOS 值,仅在选择设定菜单时有效
按 F7 键	加载优化默认值
按 10 键	保存改变后的 CMOS 设定值并退出

在图 1 – 6 所示的 CMOS 设置主界面中,选中"Standard CMOS Features"项,打开标准 CMOS 设置对话框,如图 1 – 7 所示。可以使用此功能了解并修改本计算机 CMOS 的基本配置情况,如查看并修改系统日期、时间、软驱、硬盘、光驱、内存等硬件配置情况。主要设置项如下。

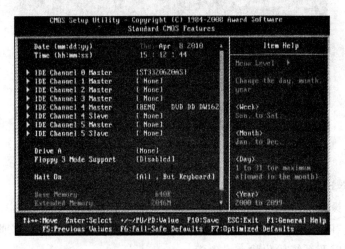

图 1 – 7 CMOS 基本设置界面

- "Date"项:用于设置日期,格式为"mm:dd:yy"(即"月:日:年"),只要把光标移到需要修改的位置,用 Page Up 键或 Page Down 键在各个选项之间选择即可。
- "Time"项:用于设置时间,格式为"hh:mm:ss"(即"小时:分:秒"),设置方法和日期的设置相同。
- "IDE Channel 0 Master"、"IDE Channel 1 Master"、……、"IDE Channel 5 Master"项:用于表示主 IDE 接口上主盘和副盘的参数设置情况。

例如,在图 1 – 7 中,可以看到这台计算机的 IDE Channel 0 Master 接口上安装了硬盘,

"IDE Channel 4 Master"接口安装了 DVD 光驱。

- "IDE Channel 4 Slave"和"IDE Channel 5 Slave"项:用于表示副 IDE 接口上主盘和副盘的参数设置情况。

- "Drive A"项:用来设置物理 A 驱动器和 B 驱动器,这里将 A 驱动器设置为 None,因为目前的计算机一般不安装软驱。

- 其他各项,一般不做改动。

上述设置完成后,按 Esc 键,就会返回到 CMOS 设置主界面,再选择"Save & Exit Setup"选项保存并退出 CMOS 设置程序,使设置生效。

(2) 自动检查外部存储设备配置情况

安装并连接好硬盘、光驱等设备后,除手工完成相关参数设置外,一般可通过在图 1 - 7 所示的界面上选择硬盘名或光驱名,按 Enter 键后,选择自动检查硬盘功能来自动设置。

待机器自动检查完成以后,选择"Save & Exit Setup"选项保存并退出设置。

(3) 修改机器的启动顺序

计算机的移动存储设备、硬盘、光盘等都可以启动计算机,因此需要设置首先启动的项目和具体的启动顺序。一般可设置计算机依次从 CD - ROM 或 DVD - ROM、硬盘启动。

在图 1 - 6 所示的界面上选择"Advanced BIOS Features"项,按 Enter 键后,进入如图 1 - 8 所示的界面。其主要设置项如下。

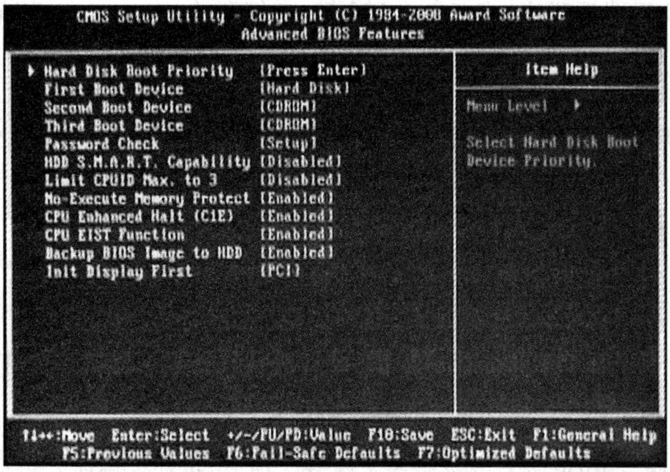

图 1 - 8　BIOS 高级设置界面

- "Hard Disk Boot Priority"项:按 Enter 键后,将列出计算机内所有的硬盘,选择要启动的"硬盘"。

注意:该项目一般用在计算机有多个硬盘的情况,如果计算机只有一个硬盘,则该步骤可忽略。

- "First Boot Device"项:设置首先要启动的项目,按 Enter 键后,进入如图 1 - 9 所示的界面,可根据实际情况选择首先启动的项目,例如,在图 1 - 9 中选择了 Hard Disk,即本计算机首先从硬盘启动。

- "Second Boot Device"、"Third Boot Device"项:设置方法同"First Boot Device"项。

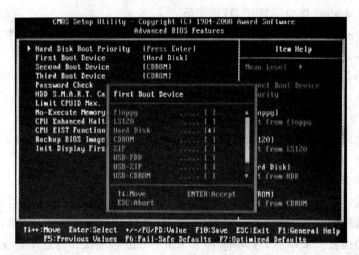

图 1-9　设置启动顺序

● "Password Check"项：设定系统启动时是否验证 BIOS 密码。若是"Setup"，则不验证密码，若改变成"System"，则在启动时首先要输入 BIOS 密码，才能继续启动。

● 其他项目一般选择默认即可

以上项目设置完成后，按 Esc 键回到 CMOS 设置主界面，再选择"Save & Exit Setup"选项保存并退出 CMOS 设置程序，或直接按 F10 键，在打开的"Save to CMOS and Exit(Y/N)"对话框中输入"Y"，计算机会重新启动。至此，系统设置就完成了。

5. 实验注意事项

① 如果某些参数设置不当，则系统性能将会大大降低，或无法正常工作，因此，设置时要格外小心。

② 每次设置完成后，一定要注意保存使新的设置生效。

③ 如果设置了密码，一定要记住，否则可能会造成计算机无法正常启动。

1.3.4　课后思考与练习

1. 平时所说的"放电"是如何实现的？有哪几种方法？

2. 通过设置 BIOS 能否提高计算机的启动速度？

3. 如果想将所有 BIOS 设置都恢复为系统默认值，应该如何操作？

4. 利用 BIOS 设置模拟器软件，例如"CMOSTEST"，试着练习设置 BIOS。

第 2 章 操作系统基础

2.1 Windows XP 的基本操作

2.1.1 实验目的

1. 掌握 Windows XP 的启动与关闭方法。
2. 了解 Windows XP 的桌面组成及基本操作。
3. 掌握窗口、菜单和对话框的基本操作。
4. 掌握利用"控制面板"对计算机相关资源进行设置的方法。

2.1.2 实验环境

1. 微型计算机
2. Windows XP 操作系统

2.1.3 实验内容与步骤

1. Windows XP 的启动与关闭

打开计算机,系统会自动开始启动 Windows XP 的一系列操作,直至出现用户登录界面。用户登录后,Windows XP 继续配置网络设备和用户环境,最后进入 Windows 的个性化桌面,从而完成了 Windows XP 的启动。

如果要关闭 Windows XP,则单击任务栏最左端的"开始"按钮,在弹出的"开始"菜单上选择"关闭计算机",然后在打开的"关闭计算机"对话框上选择"关闭",即可关闭 Windows XP,同时也将关闭计算机。如果要重新启动 Windows XP,则在"关闭计算机"对话框上选择重新启动,可以在不关闭计算机的情况下,重新启动 Windows XP 系统。

2. "开始"菜单的操作

启动 Windows XP 系统,进入 Windows XP 桌面。单击任务栏最左端的"开始"按钮,打开"开始"菜单。

① 选择"程序"子菜单,显示可执行程序的清单,用于启动有关程序。

例如,单击"开始"→"程序"→"附件"→"画图",即可启动"画图"程序。

需要说明的是,在本书中"→"表示下一步的操作。

② 选择"文档"子菜单,显示最近打开过的文档清单。

打开最近使用过的文档的方法是,单击"开始"→"文档",查找并单击要打开的文档即可。

③ 选择"设置"子菜单,可打开控制面板、网络和拨号连接、打印机,以及任务栏和"开

始"菜单的设置窗口或对话框。

④ 选择"搜索"子菜单,通过有关选项,可以搜索文件或文件夹、Internet 上的计算机、站点或某个用户。

⑤ 选择"帮助"子菜单,可用来获得 Windows XP 系统的帮助信息。

⑥ 选择"运行"子菜单,可通过输入命令行来启动程序。

3．任务栏的操作

（1）任务栏的切换

Windows XP 系统具有多任务处理功能,可以同时打开多个窗口,运行多个应用程序。

① 在桌面上依次双击"我的电脑"、"我的文档"、"回收站"和"网上邻居"图标,则 Windows XP 将打开 4 个不同的窗口并在任务栏上产生相应的按钮。

② 单击任务栏上某一个窗口的对应按钮,则该任务窗口会立即变为活动窗口。单击这些按钮,可以方便地在多个应用程序之间进行切换。

③ 按 Alt + Tab 键或 Alt + Esc 键,则多个被打开的窗口将依次转变为活动窗口。

（2）移动任务栏

将鼠标指向任务栏的空白区域,单击鼠标左键,拖放任务栏,便可以将任务栏移动到屏幕的上、下、左、右位置。

（3）调整任务栏

单击鼠标左键,拖放任务栏的边缘可改变任务栏的高度。

（4）设置任务栏

用鼠标右键单击任务栏的空白区域,在弹出的快捷菜单中选择"属性"命令,打开"任务栏和开始菜单属性"对话框,选择"常规"选项卡,可以对任务栏进行设置。

"锁定任务栏"复选框,锁定后的任务栏不会因操作失误产生的拖拽而移动。

"自动隐藏任务栏"复选框,在平时隐藏任务栏,只有当鼠标指向任务栏所在位置时,才显示任务栏。

"将任务栏保持在其他窗口的前端"复选框,将任务栏设置为总是可见状态,不会被其他窗口覆盖。

"分组相似任务栏按钮"复选框,当任务栏没有足够的空间为每个按钮显示尚可接受的文字量时,就会进行分组。最先打开的程序将最先分组。当任务栏上又有较大的空间时,将取消这些项目的分组。

"显示快速启动"复选框,可以将快速启动任务添加到任务栏。

"显示时钟"复选框,可以在任务栏右端显示当前的时间。

单击复选框,使框中出现"√",然后取消复选框中的"√",单击"确定"按钮,观察任务栏的变化。

（5）将桌面上的文件图标添加到任务栏的快捷启动图标中

假设文件 abc. bmp 在桌面上,拖放"abc. bmp"图标到任务栏的"快速启动"图标组中,松开鼠标后,则"快速启动"图标组中将会增加一个新快捷图标。

用鼠标右键单击任务栏上新建立的快捷图标,在弹出的快捷菜单中单击"删除"命令,则新快捷图标被删除。

4．桌面图标的操作

（1）在桌面上取消自动排列图标的功能

在桌面的空白处单击鼠标右键，在弹出的快捷菜单中选择"排列图标"，在其下级菜单中单击"自动排列"，取消该项前的"√"标志。

（2）调整桌面上图标的位置

可以通过鼠标拖放操作将"我的电脑"、"回收站"、"我的文档"等图标移至桌面其他位置。

（3）排列桌面上的图标

在桌面的空白处单击鼠标右键，在弹出的快捷菜单中选择"排列图标"，然后在其下级菜单中，分别选择"按名称"、"按类型"、"按日期"、"按大小"和"自动排列"命令，观察桌面上的图标按要求重新排列的结果。

5．窗口的基本操作

双击桌面上的"我的电脑"图标，打开"我的电脑"窗口。

（1）控制菜单的操作

单击窗口左上角的控制菜单图标可打开控制菜单，使用控制菜单命令可以改变窗口的尺寸，移动、放大、缩小和关闭窗口。双击该图标可直接关闭窗口。

（2）标题栏的操作

拖放标题栏可移动窗口的位置；双击标题栏可使窗口最大化。

（3）窗口的最小化、最大化和还原操作

- 单击"最小化"按钮，窗口缩小为桌面上任务栏上的一个图标。
- 在任务栏上，单击"我的电脑"图标，则窗口恢复到原来的大小。
- 单击"最大化"按钮，窗口最大化并充满整个桌面。同时，"最大化"按钮变为"还原"按钮。
- 单击"还原"按钮，窗口大小恢复为最大化前的大小。

（4）窗口滚动的操作

当窗口无法显示所有内容时，可以使用滚动条查看当前窗口未显示出来的内容。水平滚动条可使窗口内容左右滚动，垂直滚动条可使窗口内容上下滚动。

（5）改变窗口的大小

- 用鼠标拖放窗口边框，可以任意改变窗口的大小。
- 用鼠标拖放窗口的 4 个角，可以改变窗口相邻边框的长度。

（6）关闭窗口

单击窗口右上角的关闭按钮，关闭"我的电脑"窗口。

6．对话框的基本操作

当选择了菜单中带有省略号"…"的命令时，会出现对话框。对话框与窗口很相似，也有标题栏、控制菜单和关闭按钮。对话框是一种特殊的窗口，可以移动，但是不能改变大小，也没有菜单栏。

① 用鼠标拖放对话框的标题栏可移动对话框。

② 单击命令按钮可执行相应的命令。单击带有省略号"…"的命令按钮，将打开另一个对话框；单击带有"≫"符号的命令按钮，将扩展当前对话框。

③ 用户可以在文本框中输入文字信息。

④ 列表框是一个矩形框,用于显示一系列选项。如果选项太多,则可移动滚动条进行选择。按下 Shift 键并单击第一项和最后一项,可选中多个连续项。按下 Ctrl 键并单击各个需要选取的项,可选中多个不连续的项。

⑤ 下拉式列表框是一个单行列表,显示当前的选项。单击右边向下的箭头按钮,会出现一个下拉式列表框,单击可选定需要的项目。

⑥ 通过单击选中某个单选按钮,该项前圆圈内将出现一个圆点标记"●",未被选中的项没有圆点标记。

⑦ 通过单击选中某个复选按钮,方框中将出现一个"√",再次单击该复选框,将会取消对该项的选择,方框中为空白。

⑧ 增量按钮由一个数值框、增加按钮和减少按钮组成,用于选定一个数值。单击增加按钮可增加数值,单击减少按钮可减少数值。

⑨ 单击选项卡标签可在各选项卡之间切换。

⑩ 单击对话框右上角的帮助按钮"?",可获得系统的帮助。

⑪ 单击对话框右上角的关闭按钮"×",可关闭对话框。单击"确定"按钮,保存当前设置,并关闭对话框。单击"取消"按钮,取消当前设置,并关闭对话框。

7. 桌面的设置

① 单击"开始"→"设置"→"控制面板",打开"控制面板"窗口,双击"显示"图标,打开"显示属性"窗口(或选择"桌面"快捷菜单中的"属性"命令,亦可打开"显示属性"窗口)。在"主题"选项卡中,选择"主题"为"Windows XP"。

② 在"桌面"选项卡中,选择"背景"图片为"Tulip",并设置"位置"为"拉伸"。

③ 在"屏幕保护程序"选项卡中,选择"屏幕保护程序"为"三维文字",设置"等待"为"1"分钟,选中"在恢复时使用密码保护"复选框。单击旁边"设置"按钮,显示出"三维文字设置"对话框,如图 2 - 1 所示。选择其中的"自定义文字"单选钮,在其后的文本框内输入"计算机屏幕保护",设置"旋转类型"为"摇摆式",单击"确定"按钮,返回"屏幕保护程序"选项卡。

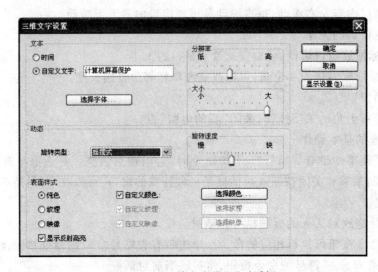

图 2 - 1　"三维文字设置"对话框

④ 在"设置"选项卡中,通过拖动滑块设置"屏幕分辨率",如图 2 - 2 所示。

图 2 - 2　"设置"选项卡

⑤ 在"主题"选项卡中单击"另存为"按钮,将当前主题保存起来。

8. 桌面背景的设置

单击"开始"→"程序"→"附件"→"画图"命令,打开"画图"窗口,使用画图工具绘制一幅图片后,依据图片大小,执行"文件"→"设置为墙纸(平铺)"或"设置为墙纸(居中)"命令。

9. 查看 Windows 组件安装

① 打开"控制面板"窗口,双击"添加或删除程序"图标,打开"添加或删除程序"窗口,单击窗口左侧"添加/删除 Windows 组件"按钮,打开如图 2 - 3 所示的"Windows 组件向导"对话框。选中"Internet 信息服务(IIS)"复选框,单击下方的"详细信息"按钮,则弹出如图 2 - 4所示的"Internet 信息服务(IIS)"对话框。

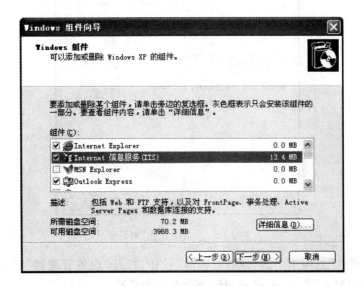

图 2 - 3　"Windows 组件向导"对话框

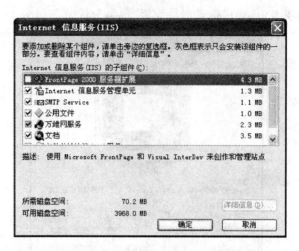

图 2-4 "Internet 信息服务(IIS)"对话框

② 在"Internet 信息服务(IIS)"对话框中的"Internet 信息服务(IIS)的子组件"列表中，没有选中的复选框表示"没有安装"，选中的灰色复选框表示"部分安装"，选中的复选框表示"全部安装"。

10. 查看系统信息

① 在"控制面板"中，打开"系统属性"对话框(或在桌面上用鼠标右键单击"我的电脑"，执行快捷菜单中的"属性"命令，亦可打开"系统属性"对话框)，在"计算机名"选项卡中可以查看到完整的计算机名称及工作组或域的名称，如图 2-5 所示。

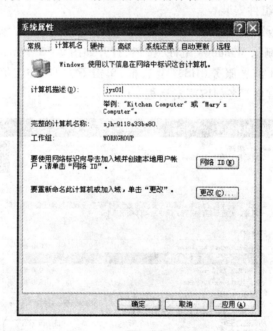

图 2-5 "系统属性"对话框

② 单击"硬件"选项卡中的"设备管理器"按钮，打开"设备管理器"窗口，如图 2-6 所示，打开"网络适配器"折叠项，显示出网络适配器的型号。

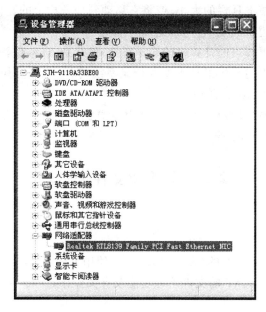

图 2-6 "设备管理器"窗口

11．创建新用户

打开"控制面板"中的"用户账户"窗口,选择"创建一个新账户"任务,出现如图 2-7 所示的向导,按照向导提示完成新账户的创建。

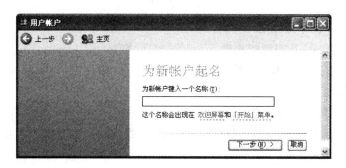

图 2-7 创建新用户

2.1.4 课后思考与练习

1．打开"开始"菜单的方法有几种? 分别应该如何进行操作?

2．如何运行应用程序?

3．当打开多个窗口时,如何激活某个窗口,使之变成活动窗口?

4．设置任务栏,要求如下。

① 将任务栏移到屏幕的右边缘,再将任务栏移回原处。

② 改变任务栏的宽度。

③ 取消任务栏上的时钟并设置任务栏为自动隐藏。

④ 显示或隐藏任务栏上"快速启动"工具栏的文字。

⑤ 在任务栏上调整工具栏的大小，或将它移动到任务栏上的其他位置。

⑥ 在任务栏的右边区域显示"电源选项"图标。

5．利用控制面板更改当前计算机的显示属性，如背景、屏幕保护及外观等。

6．利用控制面板中的系统工具查看并记录系统的相关信息，如完整的计算机名称、隶属于的域或工作组、网络适配器的型号。

7．创建一个新的系统用户 TEST，并授予其计算机管理员的权限。

8．调整系统的日期和时间。

2.2　文件和文件夹管理

2.2.1　实验目的

1．熟练掌握 Windows XP 的"资源管理器"的使用方法。

2．熟练掌握 Windows XP 的文件管理功能及有关操作。

2.2.2　实验环境

1．微型计算机

2．Windows XP 操作系统

2.2.3　实验内容与步骤

1．资源管理器的使用

① 启动 Windows XP 资源管理器。

单击"开始"按钮，在"开始"菜单中选择"程序"→"附件"→"Windows 资源管理器"命令，即可启动资源管理器。

② 调整左、右两个子窗口的大小。

移动鼠标指针到左、右两个子窗口的分隔条上，当指针变为双箭头时拖动分隔条。

③ 展开或折叠文件夹。

在左边子窗口中，前面有"＋"的文件夹表示该文件夹内还含有子文件夹，单击"＋"或双击文件夹图标可以展开该文件夹；前面有"－"的文件夹表示该文件夹已经展开，单击"－"或双击文件夹图标可以折叠该文件夹。

④ 显示或隐藏工具栏。

选择"查看"菜单的"工具栏"命令，当前显示的工具栏的旁边有一个复选标记"√"，单击可显示或隐藏的工具栏。

⑤ 关闭资源管理器。

单击资源管理器窗口右上角的"关闭"按钮。

2．建立新文件夹

在 D 盘的根目录下按照图 2－8 所示的结构创建相应的文件夹。

① 依次双击桌面上"我的电脑"、"D：盘"，打开 D 盘驱

图 2－8　文件夹结构图

动器。

② 在窗口的空白区域单击鼠标右键,从弹出的快捷菜单中选择"新建"→"文件夹"命令,建立一个临时文件夹,名字为"新建文件夹"。

③ 用鼠标右键单击"新建文件夹",从弹出的快捷菜单中选择"重命名"命令,这时文件夹中的名称框成蓝色光标闪烁状态,直接输入名字"student"后按 Enter 键。

注意:建议在做实验时,以班级名_自己名字作为文件夹名。

④ 双击打开"student"文件夹,按以上的步骤在该文件夹中建立名为"s1"和"s2"的两个子文件夹,最后在"s2"文件夹下建立名为"a. doc"的子文件。

3. 查找计算机中的文件或文件夹

查找硬盘上的名字为"样图. jpg"的文件。

① 单击"开始"按钮,在"开始"菜单中选择"搜索"→"文件或文件夹"命令,弹出"搜索结果"窗口。

② 在窗口左部的"文件或文件夹名称"栏中输入"样图. jpg"。

③ 在"搜索范围"列表框中选择"本机硬盘驱动器(C:,D:,E:,F:)",即选择所有的硬盘驱动器。

④ 单击"开始搜索"按钮。搜索结果出现在窗口的右部。

4. 文件的复制

将查找到的"样图. jpg"的文件,复制到刚刚建立的"D:\student\s2"文件夹中。

可以采用下列方法之一实现文件的复制。

方法一:

① 在"搜索结果"窗口中选中"样图. jpg"文件,选择"编辑"菜单中的"复制"命令。

② 依次双击桌面上"我的电脑"→"D:盘",打开 D 盘驱动器。

③ 依次双击"student"文件夹→"s2"子文件夹,打开 s2 子文件夹。

④ 选择"编辑"菜单中的"粘贴"命令,即可完成复制。

方法二:

① 用鼠标右键单击"搜索结果"窗口中"样图. jpg"文件,在弹出的快捷菜单中选择"复制"命令。

② 用鼠标右键单击"开始"按钮,在弹出的快捷菜单中选择"资源管理器"命令,打开资源管理器窗口。

③ 在资源管理器左子窗口中找到"D:\student\s2"文件夹,打开该文件夹。

④ 在资源管理器右子窗口中单击鼠标右键,在弹出的快捷菜单中选择"粘贴"命令。

方法三:

① 在"搜索结果"窗口中选中"样图. jpg"文件,选择"编辑"菜单中的"复制到文件夹"命令。

② 在打开的"浏览文件夹"对话框中的"文件夹"文本框中输入"D:\student\s2"。

③ 单击"确定"按钮。

5. 查找计算机中最近一周内被修改过的、大小不超过 100 KB 的 GIF 图像文件

① 单击"开始"→"搜索"→"文件或文件夹",弹出"搜索结果"窗口。

② 在"搜索选项"的"日期"栏中依次选择"修改过的文件"、"前 7 天"。

③ 在"类型"下拉选项中选择"GIF 图像"。

④ 在"大小"栏中选择"至多"、"100 KB"。

⑤ 单击"开始搜索"按钮,搜索结果将出现在窗口的右部。

6. 查找 C 盘中文件名第 2 个字母为 t 的所有文件

① 单击"开始"→"搜索"→"文件或文件夹",弹出"搜索结果"窗口。

② 在窗口左部的"文件或文件夹名称"栏中输入"? t＊.＊"。

③ 在"搜索范围"列表框中选择 C 盘。

④ 单击"开始搜索"按钮,搜索结果将出现在窗口的右部。

7. 文件的移动

① 双击桌面上"我的文档"图标,打开"我的文档"文件夹,选定其中一个文件,如"样本.doc"文件,单击工具栏的"剪切"按钮。

② 回到 Windows 桌面的空白处,单击鼠标右键,在弹出的菜单中选择"粘贴"命令,则"样本.doc"文件从"我的文档"文件夹移动到了桌面上。

8. 文件的删除

① 选定桌面上的"样本.doc"文件,并单击鼠标右键,在弹出快捷菜单中的"删除"命令。

② 如果出现"确实要把'样本.Doc'放入回收站吗?"系统提示框,则选择"是"即可。

③ 双击桌面上的"回收站"图标,打开"回收站"窗口。

- 选择"样本.doc"文件,如果单击"还原"按钮,则将文件移至原来的位置。
- 如果选择"全部还原",则将恢复被删除的文件。
- 如果选择"清空回收站",则将把"回收站"中的文件从计算机中彻底删除,

9. 显示文件或文件夹

① 双击"我的电脑",选择"查看"菜单。

- 单击"大图标",图标以大图标方式显示,图标的下面是文字。
- 单击"小图标",图标以小图标方式显示,图标的旁边是文字。
- 单击"列表",图标以列表方式显示,图标以从上到下、从左向右的顺序排列。
- 单击"详细资料",显示各种文件或文件夹的详细信息,对于驱动器,将显示其名称、类型、总容量和可用空间;对于文件和文件夹,将显示其名称、大小、修改时间和类型。单击列标题(名称、大小、修改时间和类型),可以按列标题的升序排列文件,再次单击列标题则按降序排列文件。

② 选择"查看"菜单,指向"排列图标",出现子菜单。

- 单击"按名称",图标根据文件名排列。
- 单击"按类型",图标根据文件类型排列。
- 单击"按大小",图标根据文件的大小排列。
- 单击"按日期",图标根据文件最近的创建和修改时间排列。
- 单击"自动排列",图标自动排列。此命令是一个开关命令,选择此命令,在对图标进行了各种操作后,图标都会自动排列整齐。

10. 文件夹属性的设置或更改

修改 D 盘"student"文件夹的属性,将"student"文件夹设置为"只读"属性。

①　选中在 D 盘上建立的"student"文件夹,单击鼠标右键,在弹出的快捷菜单中选择"属性"命令。

②　在弹出的"属性"窗口中,选择"常规"选项卡,在"只读"、"隐藏"和"存档"三种属性的复选框中选择将要设置或更改的文件夹属性。

单击"只读"复选框,复选框中显示"√"。

③　单击"确定"按钮。

注意:如果要更换文件夹的属性,则先单击以前的属性框,将"√"去掉后,再选择其他的属性。

④　将"student"文件夹设置为非"只读"属性。按步骤①、②、③,将 D 盘"student"文件夹的"只读"属性去掉。

2.2.4　课后思考与练习

1.　在桌面上新建一个文件夹,命名为"UserTest",再在其中新建 2 个子文件夹"user1"、"user2"。

2.　更改子文件夹"user2"名称为"UserTemp"。

3.　格式化一个 USB 闪存,即 U 盘,并在盘中创建一个文件夹,也命名为"UserTest"。

4.　利用记事本或写字板编辑一个文档,在文档中练习输入汉字,输入约有 500 个汉字、500 个英文字符的文章,以"wd1"命名保存在桌面的"UserTest"文件夹中。

5.　将桌面上的"UserTest"文件夹中的文件和子文件夹复制到软盘中。

6.　完成以上操作后,将桌面的"UserTest"子文件夹设置成只读属性。

7.　删除子文件夹"UserTemp"中的文件"wd1",再练习从"回收站"将"wd1"文件还原。

8.　删除桌面上的"UserTest"文件夹。

2.3　Windows XP 的安装

2.3.1　实验目的

1.　掌握 Windows XP 的安装过程。

2.　了解各种操作系统的安装方法。

2.3.2　实验环境

1.　微型计算机

2.　Windows XP 操作系统安装光盘

2.3.3　实验内容与步骤

Windows XP 的安装方式有 3 种:升级安装、双系统共存安装和全新安装。通过这几种方式,用户可在以前的 Windows 98/98 SE/Me/NT4/2000 操作系统的基础上顺利升级到 Windows XP。下面以 Windows XP 专业版的安装为例进行介绍。

1.　安装程序

　　① 在 Windows 状态下将 Windows XP 安装光盘放入光驱自动运行,计算机屏幕将出现询问是否安装 Windows XP 的对话框,如图 2 - 9 所示。

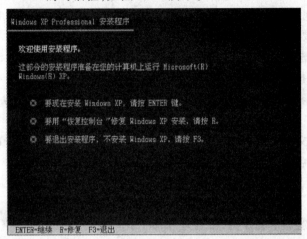

图 2 - 9　询问是否安装 Windows XP

　　② 选择"现在安装 Windows XP,请按 Enter 键"后,接受相关协议,然后进入分区格式化界面,如图 2 - 10 所示。

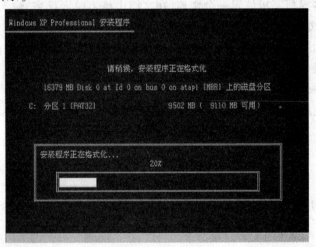

图 2 - 10　分区格式化界面

2. 开始安装

格式化完毕后,开始安装 Windows XP 操作系统,其过程如下。

　　① 选择区域和语言。区域和语言的设置选用默认值即可,如图 2 - 11 所示。设置完成后,单击"下一步"按钮。

　　② 在打开的自定义软件设置对话框中输入名字和单位名称,如图 2 - 12 所示。以后在用鼠标右键单击"我的电脑"并选择"属性"时可以看到这些信息。单击"下一步"按钮,在随后打开的对话框中,输入所安装的 Windows XP 的产品序列号。然后,单击"下一步"按钮。

　　③ 在打开的计算机名和系统管理密码对话框中,输入计算机名(用于在网络上标识计算机)和系统管理员密码。Windows XP 正常启动时不使用管理员登录,只有在需要以安全

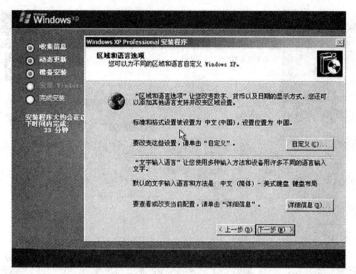

图 2 – 11　选择区域和语言

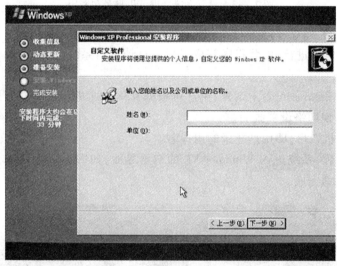

图 2 – 12　设置"姓名和单位"

模式登录操作系统时才使用(安全模式只有系统管理员才可以登录),如图 2 – 13 所示。

　　④ 单击"下一步"按钮,在后续的对话框中,依次设置好系统的相关属性。

　　• "日期和时间"设置。在时区下拉列表中,中国用户应该选择"(GMT + 08：00)北京 重庆 乌鲁木齐"。

　　• 网络设置。一般选择"典型设置"。如果需要其他协议如 IPX、NetBEUI 等,则可单击 "自定义"项进行设置。需要说明的是,网络设置这里可以不进行修改。系统安装完毕后, 如需要可以通过修改网络属性重新进行设置。

　　• "工作组或域"设置,主要用于局域网,一般使用默认值。如果局域网是有"域"的, 可以在这里设置"域"名。如果有必要,可以在安装完毕后,在"我的电脑"→"属性"→"计 算机名"→"网络 ID"里更改此项设置。需要说明的是,因为加入"域"后域服务器要进行一 次安全认证,因此会导致系统启动变慢。

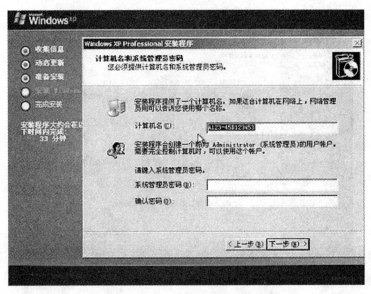

图 2 – 13　设置系统管理员用户名和密码

3. 完成安装

① 安装程序继续进行,安装程序完成以后将自动重启系统,然后系统进行 Windows 的设置。

② 随后出现 Internet 设置对话框,用户可根据具体情况进行设置。如果计算机没有安装网卡,则不会出现网络设置画面。

③ 设置计算机账户,即用户登录的用户名。

④ 设置完毕后,系统进入 Windows XP 的初始界面,如图 2 – 14 所示。至此,Windows XP 专业版安装全部完成。

图 2 – 14　Windows XP 初始界面

2.3.4　课后思考与练习

1. 总结安装 Windows XP 操作系统的步骤。
2. 如果要在同一计算机上安装多个操作系统,应该如何安装?

第3章 文字处理软件 Word

3.1 文档的基本操作

3.1.1 实验目的

1. 掌握文档的输入。
2. 掌握文档的编辑。
3. 掌握字符格式的设置。
4. 掌握段落格式的设置。
5. 掌握项目符号和编号的使用。

3.1.2 实验环境

1. 微型计算机
2. Windows XP 操作系统
3. Office 2007 应用软件

3.1.3 实验内容与步骤

本实验将创建一个名为"春.docx"的文档,内容为朱自清的散文《春》,并对其进行格式设置。

1. 新建文档

启动 Word 之后,系统会自动建立一个新文档,文档名称为"文档 1.docx"。在 Word 2007 中创建新文档的方法有多种,例如:

① 单击 Office 按钮面板中的"新建"命令,在打开的"新建文档"对话框中选择"空白文档"。

② 使用 Ctrl + N 键。

③ 单击"插入"选项卡,在"页"组中选择"空白页"命令。

【操作要求】

在新建的文档中输入以下内容。需要说明的是,为了进行文档的基本操作练习,下面输入的内容与朱自清的散文《春》的内容并不完全一致。例如,原文中的"春天"这里暂先输入为"秋天",段落的顺序也与原文不同。此外,输入文字时可先不做任何格式设置。

盼望着,盼望着,东风来了,秋天的脚步近了。

一切都像刚睡醒的样子,欣欣然张开了眼。山朗润起来了,水涨起来了,太阳的脸红起来了。小草偷偷地从土里钻出来,嫩嫩的,绿绿的。园子里,田野里,瞧去,一大片一大片满是的。坐着，躺着，打两个滚，踢几脚球，赛几趟跑，捉几回迷藏。风轻悄悄的，草软绵绵的。

秋天像刚落地的娃娃，从头到脚都是新的，它生长着。

秋天像小姑娘，花枝招展的，笑着，走着。

秋天像健壮的青年，有铁一般的胳膊和腰脚，领着我们上前去。

桃树、杏树、梨树，你不让我，我不让你，都开满了花赶趟儿。红的像火，粉的像霞，白的像雪。花里带着甜味儿；闭了眼，树上仿佛已经满是桃儿、杏儿、梨儿。花下成千成百的蜜蜂嗡嗡地闹着，大小的蝴蝶飞来飞去。野花遍地是：杂样儿，有名字的，没名字的，散在草丛里，像眼睛，像星星，还眨呀眨的。

"吹面不寒杨柳风"，不错的，像母亲的手抚摸着你。风里带来些新翻的泥土的气息，混着青草味儿，还有各种花的香，都在微微润湿的空气里酝酿。鸟儿将巢安在繁花嫩叶当中，高兴起来了，呼朋引伴地卖弄清脆的喉咙，唱出宛转的曲子，跟轻风流水应和着。牛背上牧童的短笛，这时候也成天嘹亮地响着。

雨是最寻常的，一下就是三两天。可别恼。看，像牛毛，像花针，像细丝，密密地斜织着，人家屋顶上全笼着一层薄烟。树叶儿却绿得发亮，小草儿也青得逼你的眼。傍晚时候，上灯了，一点点黄晕的光，烘托出一片安静而和平的夜。在乡下，小路上，石桥边，有撑起伞慢慢走着的人，地里还有工作的农民，披着蓑戴着笠。他们的房屋，稀稀疏疏的，在雨里静默着。

天上风筝渐渐多了，地上孩子也多了。城里乡下，家家户户，老老小小，也赶趟儿似的，一个个都出来了。舒活舒活筋骨，抖擞抖擞精神，各做各的一份事儿去。"一年之计在于秋"，刚起头儿，有的是工夫，有的是希望。

2．编辑文档

【操作要求】

在新建的文档中完成以下操作。

① 在正文的前面插入一行，输入文章的标题"秋"；在标题后再插入一行，并输入副标题"朱自清"。

② 将正文的第二段（"一切都像刚睡醒的样子……"）从"小草偷偷地从土里钻出来，……"处分成两段。

③ 将文章中的以下文字移动到文章的最后。

秋天像刚落地的娃娃，从头到脚都是新的，它生长着。

秋天像小姑娘，花枝招展的，笑着，走着。

秋天像健壮的青年，有铁一般的胳膊和腰脚，领着我们上前去。

按操作要求操作完后，文章为以下形式。

秋

朱自清

盼望着，盼望着，东风来了，秋天的脚步近了。

一切都像刚睡醒的样子，欣欣然张开了眼。山朗润起来了，水涨起来了，太阳的脸红起来了。

小草偷偷地从土里钻出来，嫩嫩的，绿绿的。园子里，田野里，瞧去，一大片一大片满是的。坐着，躺着，打两个滚，踢几脚球，赛几趟跑，捉几回迷藏。风轻悄悄的，草软绵绵的。

　　桃树、杏树、梨树,你不让我,我不让你,都开满了花赶趟儿。红的像火,粉的像霞,白的像雪。花里带着甜味儿;闭了眼,树上仿佛已经满是桃儿、杏儿、梨儿。花下成千成百的蜜蜂嗡嗡地闹着,大小的蝴蝶飞来飞去。野花遍地是:杂样儿,有名字的,没名字的,散在草丛里,像眼睛,像星星,还眨呀眨的。

　　“吹面不寒杨柳风”,不错的,像母亲的手抚摸着你。风里带来些新翻的泥土的气息,混着青草味儿,还有各种花的香,都在微微润湿的空气里酝酿。鸟儿将巢安在繁花嫩叶当中,高兴起来了,呼朋引伴地卖弄清脆的喉咙,唱出宛转的曲子,跟轻风流水应和着。牛背上牧童的短笛,这时候也成天嘹亮地响着。

　　雨是最寻常的,一下就是三两天。可别恼。看,像牛毛,像花针,像细丝,密密地斜织着,人家屋顶上全笼着一层薄烟。树叶儿却绿得发亮,小草儿也青得逼你的眼。傍晚时候,上灯了,一点点黄晕的光,烘托出一片安静而和平的夜。在乡下,小路上,石桥边,有撑起伞慢慢走着的人,地里还有工作的农民,披着蓑戴着笠。他们的房屋,稀稀疏疏的,在雨里静默着。

　　天上风筝渐渐多了,地上孩子也多了。城里乡下,家家户户,老老小小,也赶趟儿似的,一个个都出来了。舒活舒活筋骨,抖擞抖擞精神,各做各的一份事儿去。“一年之计在于秋”,刚起头儿,有的是工夫,有的是希望。

　　秋天像刚落地的娃娃,从头到脚都是新的,它生长着。

　　秋天像小姑娘,花枝招展的,笑着,走着。

　　秋天像健壮的青年,有铁一般的胳膊和腰脚,领着我们上前去。

　　(1) 插入文本

　　将鼠标指针移动到要插入文本的位置,单击鼠标待出现“I”字形光标后,再输入相应的文本。这里就是在文本的最开头单击鼠标,按 Enter 键插入一个空行,在空行处输入“秋”。再按 Enter 键插入一个空行,在空行处输入“朱自清”。

　　(2) 人工分段

　　将光标定位到要分段的文本前,按 Enter 键即可分段。这里就是将光标定位到“小草偷偷地从土里钻出来”的前面,然后按 Enter 键。

　　(3) 移动文本

　　先选择要移动的文本。

　　文本选择方式有多种,例如:

　　① 选择指定的文本。按住鼠标左键拖动鼠标直到到达指定的位置,这种方法可以用来选择任意长短的文本。

　　② 选择一句文本。按 Ctrl 键,用鼠标单击句中的任意位置。

　　③ 选择一行文本。把鼠标指针移到需要选择的一行的左侧,当鼠标指针变成向右的箭头形状时,单击鼠标,即可选中该行。

　　④ 选择一段文本。把鼠标指针移到需要选择的一段的左侧,当鼠标指针变成向右的箭头形状时,双击鼠标,即可选中该段。

　　⑤ 选择全文。使用 Ctrl + A 键即可选中全文。

　　选择好要移动的文本后,可以有 4 种方法移动相应的文本。

　　① 将鼠标指针放在所选择的文本上,按住鼠标左键将其拖动到目标位置,再松开鼠标即可。

② 使用"开始"选项卡"剪贴板"组中的命令移动文本。首先选择需要移动的文本,单击"剪切"按钮 ，将光标移动到合适的位置,再单击"粘贴"按钮 即可。

③ 使用菜单命令。选择需要移动的文本,单击鼠标右键打开快捷菜单,选择其中的"剪切"命令,将光标移动到合适的位置,再单击鼠标右键打开快捷菜单,选择其中的"粘贴"命令即可。

④ 使用快捷键。使用 Ctrl + X 键将所选的文本暂时保存到剪贴板中,然后按 Ctrl + V 键将其粘贴到目标位置。

（4）删除文本

要删除文本,可以先选择要删除的内容,再按 Delete 键即可将其删除。同样,也可以使用 Back Space 键或 Delete 键一个字符一个字符地删除。

（5）复制文本

① 使用鼠标。选择需要移动的文本,在按住鼠标左键的同时按住 Ctrl 键,拖动鼠标到需要的位置。

② 使用"开始"选项卡"剪贴板"组中的命令移动文本。选择需要移动的文本,单击"复制"按钮 ，将光标移动到合适的位置,再单击"粘贴"按钮 即可。

③ 使用菜单命令。选择需要移动的文本,单击鼠标右键打开快捷菜单,选择其中的"复制"命令,将光标移动到合适的位置,再单击鼠标右键打开快捷菜单,选择其中的"粘贴"命令即可。

④ 使用快捷键。使用 Ctrl + C 键将所选文本复制到剪贴板中,然后按 Ctrl + V 键将其粘贴到目标位置。

3. 字符格式设置

【操作要求】

在新建的文档中完成以下操作。

① 将标题"秋"设置为黑体,一号字,蓝色,居中,然后为标题添加 15% 的黄色底纹及 2.25 磅的阴影红色边框;将副标题中的"朱自清"设置为楷体,三号字,右对齐;正文文字设置为楷体,小四号字,红色;格式设置为两端对齐,每段首行缩进两个字符。

② 将副标题"朱自清"三字的字间距设置为加宽 5 磅;将正文的行距设置为 25 磅。

③ 将正文的最后三段文字设置成字体加粗,加上下划波浪线,下划线的颜色为蓝色,并给这三段文字加项目符号。

④ 给文本加上自己喜爱的页面边框。

按照操作要求操作后,结果如图 3 - 1 所示。

（1）常用文字格式设置

① 使用"开始"选项卡"字体"组中的相应命令。例如,"字体"命令 宋体 ，单击下拉按钮,则会显示出所有字体;"字号"命令 五号 ，单击下拉按钮,则会显示出所有字号;"加粗"命令 B ，单击它会使选中的文字加粗;"倾斜"命令 I ，单击它会使选中的文字倾斜;"下划线"命令 U ，单击它会在选中的文字下添加下划线。要想取消这些设置,只要单击相应的按钮即可。

② 使用对话框操作。单击"开始"选项卡"字体"组右下角的图标 ，弹出"字体"对话框,单击"字体"选项卡,可对文字的字体、字号、字形进行选择,如图 3 - 2 所示。

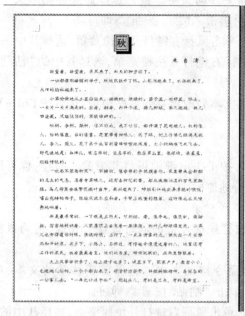

图 3-1　操作结果示意图

图 3-2　"字体"对话框

③ 使用迷你工具栏,会在用户选取文件内容时,出现与该选取内容相关的功能操作命令按钮,并且会在使用其中的任一命令按钮后自动消失,如图 3-3 所示。

（2）西文字体的中文格式

选中要设置的西文,打开"字体"对话框,在西文字体中设置西文的格式。需要说明的是,这里的字体设置是中文字体和西文字体分开设置,而不像工具栏那样可以将中

图 3-3　迷你工具栏

西文一起设置。解决的方法是:单击"中文字体"下拉列表框,选择"黑体",单击"西文字体"下拉列表框,选择"使用中文字体",这样西文字体也可以使用黑体了。

(3)字符特殊效果

在数学公式中经常要用到上、下标,在报纸、书刊的排版中经常要用到空心字、阴影字等具有特殊效果的字符,这些字符特殊效果的设置方法是选中要设置的字符,打开"字体"对话框,选择"效果"中的相应选项即可。

(4)字符间距的设置

字符间距是指字符之间的距离。合理设置字符间距,可以增强文档的视觉效果。具体设置的方法是:打开"字体"对话框,单击"字符间距"选项卡,弹出"字符间距"设置对话框,可以根据需要输入合适的间距值。

(5)为字符添加边框和底纹

① 选中要添加边框和底纹的文字,使用"开始"选项卡"字体"组中的相应命令,如单击工具栏上的"字符边框"按钮，选中的文字周围就出现一个边框,再单击"字符底纹"按钮，选中文字就会添加底纹。给文字添加边框和底纹不但能使这些文字更引人注目,而且可以使文档更美观。

② 选中要添加边框和底纹的文字,使用"页面布局"选项卡"页面背景"组中的"页面边框"命令,弹出"边框和底纹"对话框,如图 3-4 所示,在"边框"和"底纹"两张选项卡中进行设置即可。需要注意的是,"应用于"要选择"文字"。

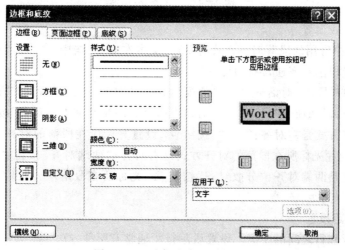

图 3-4　"边框和底纹"对话框

4. 段落的格式

Word 中的段落是指两个回车符之间一段连续的文字。段落的格式设置包括段落间距、段落行距、对齐方式、段落缩进等。

(1)段落间距设置

段落间距是指段落之间的距离,具体设置步骤如下。

① 将光标定位在要设置的段落中。

② 使用对话框操作。单击"开始"选项卡"段落"组右下角的图标，弹出"段落"对话框,如图 3-5 所示,对"间距"选择区中的"段前"、"段后"进行所需的设置。

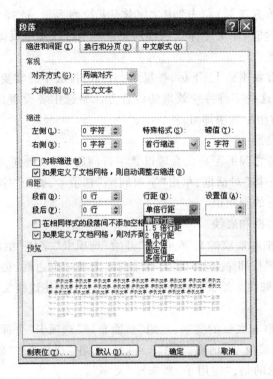

图 3 – 5   "段落"对话框

（2）对齐方式设置

Word 2007 中常用的段落对齐方式有 5 种：文本左对齐、居中、文本右对齐、两端对齐和分散对齐。设置段落对齐通常有两种方法。

① 在弹出的"段落"对话框中，在"常规"选择区"对齐方式"设置对齐方式。

② 使用"开始"选项卡"段落"组中的相应命令。例如，"文本左对齐"按钮，设置光标所在段落的对齐方式是左对齐；"居中"按钮，设置光标所在段落的对齐方式是居中；"右对齐"按钮，设置光标所在段落的对齐方式是右对齐；"两端对齐"按钮，设置光标所在段落的对齐方式是两端对齐；"分散对齐"按钮，光标所在段落左、右都不留空，靠两边对齐，自动调整字符间距。

（3）段落行距设置

行距就是行和行之间的距离。设置段落行距通常有两种方法。

① 在弹出的"段落"对话框中，在"间距"选择区设置段落行距；选择"行距"下拉列表框中的下拉按钮，选择所需行距就可以改变所选文档的行间距离，还可以通过"设置值"来精确控制行距的大小。

② 使用"开始"选项卡"段落"组中的"行距"按钮完成相应设置。

（4）段落缩进设置

为了使文章中段落之间的层次更加分明，错落有致，需要设置段落缩进效果。段落缩进就是指段落两边离页边的距离。Word 提供了首行缩进、左缩进、右缩进和悬挂缩进 4 种形式。

① 首行缩进就是一段文字的第一行的开始位置空两格，首行缩进标记控制的是段落第

一行开始的位置。

② 左缩进控制段落左边界的位置。

③ 右缩进控制段落右边界的位置。

④ 悬挂缩进控制段落中除第一行外其他行的起始位置。

用户可以通过使用"段落"对话框相应命令完成段落缩进的设置。在"缩进"选择区进行所需的操作。

（5）段落的边框和底纹

为了强调某个段落，可以给段落加边框和底纹。与给文字底纹和边框的方法相似，可以打开"底纹边框"对话框进行设置。需要注意的是，应用范围是段落。

5．项目符号和编号

（1）项目符号

① 添加项目符号。选中段落，使用"开始"选项卡"段落"组中的"项目符号"命令 ，就加上了项目符号。

② 删除项目符号。把光标定位到项目符号的后面，按 Back Space 键就可以删除项目符号；此外；把光标定位到要删除项目符号的段落中，单击"项目符号"命令 ，也可以删除项目符号。

③ 改变项目符号的样式。单击"项目符号"命令 右边的下拉按钮，出现下拉菜单，根据需要选择一个项目符号，就可以为选定的段落设置一个自选的项目符号。

用户可以根据自己的喜好定义项目符号，方法如下。

① 单击"项目符号"命令 右边的下拉按钮，出现下拉菜单，选择"定义新项目符号"。

② 在"定义新项目符号"对话框中，如图 3 - 6 所示，选择任意一种符号、图片及字体符号字符，单击"确定"按钮，就可以作为新的项目符号。

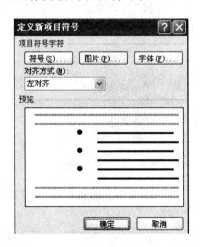

图 3 - 6　"定义新项目符号"对话框

（2）编号

① 自动编号。系统自动识别输入，输入"1."或"一、"，然后输入文本信息，按 Enter 键后，下一行会自动出现符号"2."或"二、"。系统自动识别输入的编号，并自动调用编号，使用起来方便、快捷。如果不想要这个编号，按 Back Space 键，编号就会被删除。

② 自定义编号。用户可以根据自己的喜好定义项目符号,方法如下。

a. 单击"编号"命令 ≣ ▾ 右边的下拉按钮,出现下拉菜单,选择"定义新编号格式"。

b. 在"定义新编号格式"对话框(如图 3 – 7 所示)中进行相应选择,单击"确定"按钮,就可以作为新的编号符号。

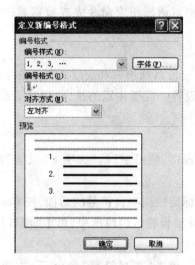

图 3 – 7　"定义新编号格式"对话框

6. 查找和替换

【操作要求】

在新建的文档中完成以下操作。

用"春"来替换文档中所有的"秋"。

Word 2007 提供的"查找"和"替换"可以非常方便地进行这一操作,具体操作方法如下。

① 使用"开始"选项卡"编辑"组中的"查找"或"替换"命令,如图 3 – 8 所示。

查找或替换命令

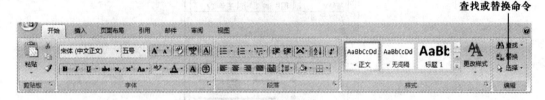

图 3 – 8　"开始"选项卡

② 在弹出的"查找和替换"对话框中,输入要查找的内容,例如,在"查找内容"框中输入"秋",在"替换为"框中输入"春"。

③ 单击"替换"按钮,只替换当前光标处的文字,然后再继续查找下一个位置;单击"查找下一处",不替换当前内容,只继续找下一个位置;单击"全部替换"会把文档中所有出现"秋"的地方都用"春"替换,如图 3 – 9 所示。

7. 保存文档

【操作要求】

在新建的文档中完成以下操作。

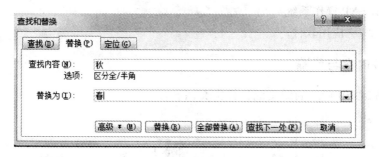

图 3 – 9 "查找和替换"对话框

　　在 D 盘上建立以班级名_自己名字为文件夹名的文件夹,如"材料 02 班_王五"。将编辑好的文档以"春.docx"为文件名,保存在 D 盘上自己建立的文件夹中。

　　编辑完文档后,要保存文档。保存文档的方法有以下几种。

　　① 默认保存。单击 Office 按钮面板中的"保存"命令;或单击"保存"按钮 📙,以现有文档的名称、类型和位置进行保存。

　　② 另存为。单击 Office 按钮面板"另存为"命令下的任一保存方式,弹出"另存为"对话框,根据要求设定文档所在的位置、名称、类型即可。

　　③ 即时保存。这是在 Word 2007 中新出现的保存方式,这种方式如果遇到由于计算机死机或突然停电而没有及时保存文档的情况,可在重新开机后恢复未保存文档。单击 Office 按钮面板中的"Word 选项"按钮,可以在"Word 选项"对话框中的"保存"区域中进行设置。

3.1.4　课后思考与练习

　　1. 如果要设置多处相同格式的文本,可以用几种方法去实现?
　　2. 替换操作有几种搜索范围? 有几种区分方式? 是否能够带格式替换?
　　3. 如何设置行距、字距?
　　4. 段落设置提供了几种主要的设置方式?

3.2　图 文 混 排

3.2.1　实验目的

　　1. 熟练掌握在文档中插入图片和编辑图片的方法。
　　2. 熟练掌握插入和编辑艺术字的操作。
　　3. 掌握文本框的插入与设置方法。
　　4. 掌握分栏的设置与操作方法。
　　5. 掌握页面设置、打印预览及打印设置的方法。

3.2.2　实验环境

　　1. 微型计算机

2．Windows XP 操作系统

3．Office 2007 应用软件

3.2.3　实验内容与步骤

完成如图 3 – 10 所示的图文混排样文文档。

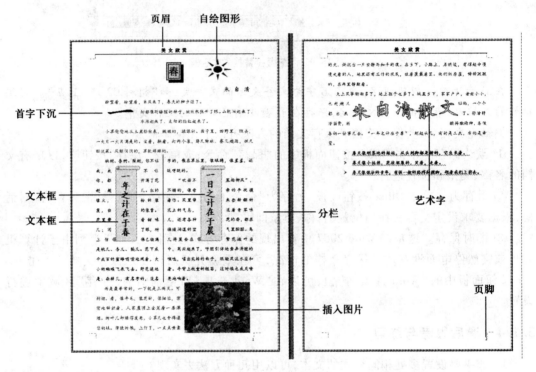

图 3 – 10　图文混排样图

1．打开文档

【操作要求】

完成以下操作。

打开上次实验保存于 D 盘上自己建立的文件夹中的"春.docx"文档。

启动 Word 之后，打开已有文档的方法有多种，例如：

① 单击 Office 按钮面板中的"打开"命令，打开所需文档。

② 使用 Ctrl + O 键。

③ 使用 Office 按钮面板的"最近使用的文档"，可显示最近打开过的文档，单击其中的任何一项，便可打开相应的文档。

2．图的插入及编辑

【操作要求】

在"春.docx"文档中完成以下操作。

① 在样图所示的位置上插入任意一幅自己喜爱的图片，并调整图片的大小直到自己满意为止，环绕方式为紧密型。

② 在样图所示的位置，即文章标题的右边插入自绘图形，将图形填充为红色，线条为无

线条颜色,并调整图形的形状和大小到合适的状态。

（1）插入图片

使用"插入"选项卡"插图"组中的"图片"命令,选择"插入图片",打开相应的对话框,选择需要的图形文件。

（2）插入剪贴画

使用"插入"选项卡"插图"组中的"剪贴画"命令,在窗口右侧的任务窗口"搜索文字"中输入所需剪贴画的类型后,搜索出的剪贴画就会出现在列表中,单击所需的剪贴画即可。如图 3 - 11 所示。

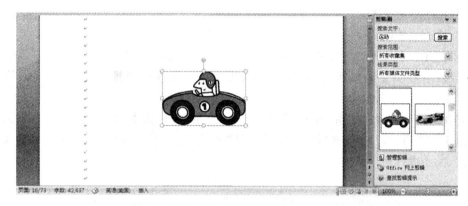

图 3 - 11   "剪贴画"窗口

图片插入之后,其周围有一些灰色的小正方形——尺寸句柄,将鼠标指针移到上面,鼠标指针就变成了双箭头的形状,按下左键拖动鼠标,可以改变图片的大小。还可以双击图片,出现图片工具"格式"选项卡,可对图片进行设置,如图 3 - 12 所示。

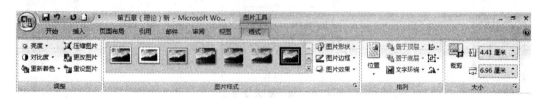

图 3 - 12   图片工具"格式"选项卡

（3）插入形状

Word 中提供了绘图功能,用户使用它可以绘制出各种复杂的图形。

具体的插入方法是,使用"插入"选项卡"插图"组中的"形状"命令,出现下拉菜单,选择所需图形,按下鼠标左键拖动到合适的大小即可。

使用相关工具绘制出图形后,双击该图形,弹出新的图形工具"格式"选项卡,如图 3 - 13 所示。通过"格式"选项卡,可对图形进行颜色、大小、版式等的设置。

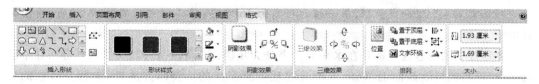

图 3 - 13   图形工具"格式"选项卡

3. 插入文本

【操作要求】

在"春.docx"文档中完成以下操作。

① 在样图所示的位置上插入艺术字,艺术字的内容为"朱自清散文",字体设置为楷体,大小为 36 磅,填充颜色为黄色;艺术字边框为单实线,粗 1.25 磅,颜色为浅蓝色;艺术字形状为双波浪形,环绕方式为紧密型,并调整艺术字的大小到合适状态。

② 在样图所示的位置上插入两个文本框,并在文本框中输入相应的文字内容,设置文本框的填充颜色为浅绿色,边框颜色为橙色,环绕方式为四周型,调整文本框大小和移动文本框到样图所示的位置。

(1) 插入文本框

文本框是一种图形对象,文本框中的内容是一个整体。利用它可以将文字、图形、图片等对象放置在页面的任何位置,并可以调整大小。文本框的排列方式有两种:横排和竖排。

具体的插入方法是:使用"插入"选项卡"文本"组中的"文本框"命令,选择所需的文本框,如图 3 – 14 所示。Word 提供了文本框工具"格式"选项卡,可以对现有文本框的文字方向、样式、大小进行适当调整。

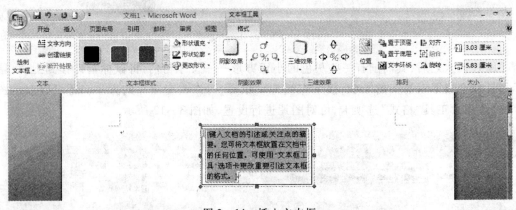

图 3 – 14　插入文本框

(2) 插入艺术字

运用艺术字,可以使文档更加生动、活泼。

具体的插入方法是:使用"插入"选项卡"文本"组中的"艺术字"命令,选择所需的艺术字样式,如图 3 – 15 所示。在弹出的"编辑'艺术字'文字"对话框中输入相应的文字即可。

4. 分栏

【操作要求】

在"春.docx"文档中完成以下操作。

将正文第 4、5 段分成两栏,第一栏的栏宽为 16 字符;第二栏的栏宽为 21 字符,中间加分割线。

各种报刊的内容通常都是在水平方向上分为几栏,文字按栏排列,文档内容分布在不同的栏中,这种效果就是使用 Word 中的分栏功能来完成的。具体方法是:选择要分栏的文字,单击"页面布局"选项卡"页面设置"组中的"分栏"命令,在下拉菜单中选择"更多分栏",

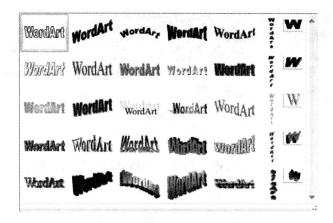

图 3 – 15　"艺术字"样式

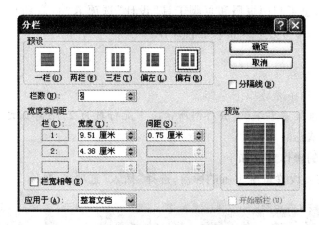

图 3 – 16　"分栏"对话框

弹出"分栏"对话框,如图 3 – 16 所示,根据需要输入栏目数,同时还可以对栏的高度、宽度、版式进行设置。如果需要栏宽相等,可以选择"栏宽相等"复选框;如果需要在每栏间加入分隔线,就选择"分隔线"复选框,单击"确定"按钮即可。

5．页眉和页脚

【操作要求】

在"春.docx"文档中完成以下操作。

① 添加页眉,内容为"美文欣赏",并设置为黑体,小四号字,居中。

② 添加页脚,在页脚中插入页码,设置为小四号字,右对齐。

页眉和页脚通常出现在文档的顶部和底部,在其中可以插入页码、文件名或章节名称等内容。一篇文档创建了页眉和页脚后,其版面会更加美观。有关页眉和页脚的主要操作在"插入"选项卡的"页眉和页脚"组中完成。

（1）页眉

单击"插入"选项卡"页眉和页脚"组中的"页眉"命令,选择"内置"模式或"编辑页眉"选项,并进入页眉编辑状态,输入相应的内容,利用页眉和页脚工具"设计"选项卡中的工具,如图 3 – 17 所示,按需设置页眉即可。

图 3 - 17　"页眉和页脚"工具栏

（2）页脚

设置方式与页眉设置方式相似，也可利用页眉和页脚工具"设计"选项卡"页眉和页脚"组中的"页脚"命令，进行相应的操作。

（3）页码

在处理文档时，经常要给文档添加页码。Word 提供了自动添加页码的功能，其设置方式与设置页眉相似，也可利用页眉和页脚工具"设计"选项卡"页眉和页脚"组中的"页码"命令，对页码的位置、对齐方式及格式进行操作。

6. 首字下沉

【操作要求】

在"春. docx"文档中完成以下操作。

为正文第二段设置首字下沉，如样图所示。下沉行数为 2，距离正文为 0.5 cm，并将下沉字的颜色设置为蓝色。

设置首字下沉的操作方法如下。

① 将光标放在要设置首字下沉的段落，选择"插入"选项卡，如图 3 - 18 所示。

首字下沉

图 3 - 18　"插入"选项卡

② 使用"插入"选项卡"文本"组中的"首字下沉"命令，在弹出的下拉列表中选择"下沉"。

③ 在"下沉"菜单中单击"首字下沉选项"，打开"首字下沉"对话框，如图 3 - 19 所示。选中"下沉"或"悬挂"选项，并选择字体或设置下沉行数，完成设置后单击"确定"按钮即可。

7. 页面设置

【操作要求】

在"春. docx"文档中完成以下操作。

页面设置：纸张大小为 A4，页边距上、下分别为 2.5 cm、2.4 cm，左、右各为 3.0 cm、3.0 cm。

图 3 - 19　"首字下沉"对话框

　　页面设置主要用来设置每页的字符数、行数、页边距和使用的纸张类型。

　　具体操作步骤为：单击"页面布局"选项卡"页面设置"组右下角的图标，弹出"页面设置"对话框，如图 3 - 20 所示。单击"纸张"选项卡，从"纸张大小"下拉列表框的列表中选择纸张的大小；单击"页边距"选项卡，输入上、下、左、右 4 个方向离页边界的距离；单击"文档网格"选项卡，可以设置每页的行数及每行的字符数等信息，单击"确定"按钮即可。

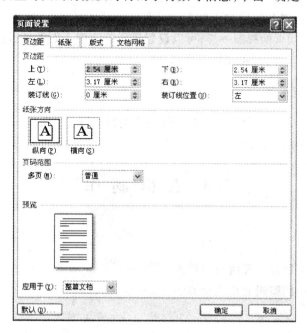

图 3 - 20　"页面设置"对话框

8. 打印和打印预览

安装、设置好打印机后，可以对文档进行打印。具体操作如下。

① 单击 Office 按钮面板中的"打印"命令。

② 选择"打印"命令，打开"打印"对话框，在其中可以对打印的范围、打印的份数等进行设置，如图 3 - 21 所示。如果只打印一部分页码，则可以在"页面范围"选择区中填入要

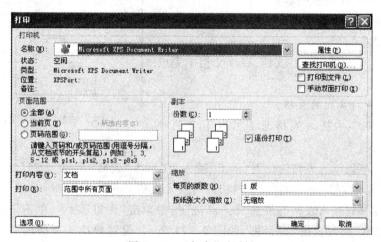

图 3 - 21　"打印"对话框

打印的页码,每两个页码之间加一个半角的逗号,连续的页码之间加一个半角的连字符即可。也可以选择打印当前页,或者打印选定的内容。设置好后单击"确定"按钮即可。

③ 一般在打印之前,需要先预览打印的内容,选择"打印预览"命令,将窗口转换到打印预览窗口中,在这里可以看到文档打印出来的效果,预览方式有单页显示,也有多页同时显示。单击"单页"按钮,在预览窗口中的文档单页显示;单击"多页"按钮,选择一种多页的方式,文档即多页显示;同页面视图一样,可以设置显示的比例。如果对预览的效果感到满意,直接单击"打印"按钮,就可以把文档打印出来。

3.2.4　课后思考与练习

1. 插入图片的方式有几种? 能否对这些图片进行编辑?
2. 如何选定多个图片,如何进行组合、叠放?

3.3　表　格　制　作

3.3.1　实验目的

1. 熟练掌握表格的建立及内容的输入。
2. 熟练掌握表格的编辑和格式化方法。

3.3.2　实验环境

1. 微型计算机
2. Windows XP 操作系统
3. Office 2007 应用软件

3.3.3　实验内容与步骤

完成如图 3 – 22 所示的表格。

1. 插入表格

【操作要求】

新建一个"W 表格.docx"文档,在该文档中完成以下操作。

插入一个 9 行 4 列的表格。

在 Word 2007 中插入表格通常情况下有两种方法。

年 利 率			（%）
项 目			
活期			0.72
定期	整存整取	三个月	1.71
		半年	2.07
		一年	2.25
		二年	2.70
		三年	3.24
		五年	3.60
	零存整取	一年	1.71
	整存零取	三年	2.07
	存本取息	五年	2.25

图 3 – 22　完成后的表格

① 将光标移到插入表格的位置,单击"插入"选项卡"表格"组的"表格"命令,按需要选择下拉菜单"插入表格"下方的白色方格,即可插入表格。

② 将光标移到插入表格的位置,在"表格"组中单击"表格"命令,单击下拉菜单"插入表格"选项,弹出"插入表格"对话框,如图 3 – 23 所示,设置要插入表格的列、行,单击"确定"按钮,所需规格的表格就插入到文档中。

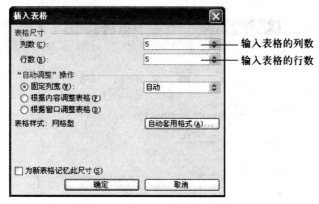

图 3-23　"插入表格"对话框

2. 编辑表格

【操作要求】

在"W 表格.docx"文档中完成以下操作。

① 在表格的最下面插入 2 行,变成一个 11 行 4 列的表格。

② 设置行高和列宽,第一行行高设为 1 cm,前三列列宽设为 2.2 cm。

③ 按图 3-22 所示的样式合并单元格。

④ 设置斜线表头,填写行列标题。

⑤ 设置所有单元格的对齐方式为水平居中、垂直居中。

⑥ 填写内容,如图 3-22 所示,将最后一列内容设置为字体加粗。

（1）选取单元格

表格是由一个或多个单元格组成的。要对单元格进行操作,就必须先选取它。以下介绍几种常用方法。

① 把鼠标指针放到单元格的左下角,待鼠标指针变成一个黑色的箭头后,单击左键可选定一个单元格,拖动即可选定多个单元格。

② 像选中一行文字一样,单击表格某一行左边文档的选定区,可选中表格的一行单元格,拖动可选取多行。

③ 把鼠标指针移到某一列的上边框,待其变成向下箭头时单击鼠标即可选取一列。

④ 把鼠标指针移到表格上,等表格左上方出现了一个"田"字形标记后,将鼠标指针移到该标记上,单击鼠标即可选取整个表格。

⑤ 把光标移到要选择的单元格里,在表格工具"布局"选项卡"表"组中,单击"选择"命令,可选取行、列、单元格或者整个表格。

（2）插入行、列、单元格

具体插入的方法是:选择所需的单元格,使用表格工具"布局"选项卡"行和列"组中的"在上方插入"、"在下方插入"、"在左侧插入"或者"在右侧插入"命令,就会插入相应的行、列、单元格。

（3）设置行高和列宽

设置行高:选中需要设置行高的行,单击鼠标右键,在弹出的快捷菜单中选择"表格属性"命令,打开"表格属性"对话框,在其中设置行高,如图 3-24 所示。

图 3 - 24　"表格属性"对话框

设置列宽:选中需要设置列宽的列,单击鼠标右键在弹出的快捷菜单中选择"表格属性"命令,打开"表格属性"对话框,在其中设置列宽。

(4) 合并单元格

常用的合并单元格的方法有两种。

① 选中需要合并的单元格,在表格工具"布局"选项卡"合并"组中,单击"合并单元格"命令,选中的单元格就会合并成一个单元格。

② 选中需要合并的单元格,在所选单元格范围内单击鼠标右键,在弹出的快捷菜单中选择"合并单元格"命令,选中的单元格就会合并成一个单元格。

(5) 拆分单元格

常用的拆分单元格的方法有两种。

① 选取需要拆分的单元格,在表格工具"布局"选项卡"合并"组中,单击"拆分单元格"命令,弹出"拆分单元格"对话框,输入需要拆分成的行和列的数目,单击"确定"按钮即可。

② 选中需要合并的单元格,在所选单元格范围内,单击鼠标右键,在弹出的快捷菜单中选择"拆分单元格"命令,然后完成操作。

(6) 单元格对齐方式

为了使表格更加整齐、美观,Word 2007 提供了 9 种单元格中文字的对齐方式。

常用的单元格对齐的方法有两种。

① 选中所需单元格,在表格工具"布局"选项卡"对齐方式"组中,按需选择即可。

② 选中所需单元格,单击鼠标右键,在弹出的快捷菜单中选择"单元格对齐方式",出现对齐方式,如图 3 - 25 所示,按需选择即可。

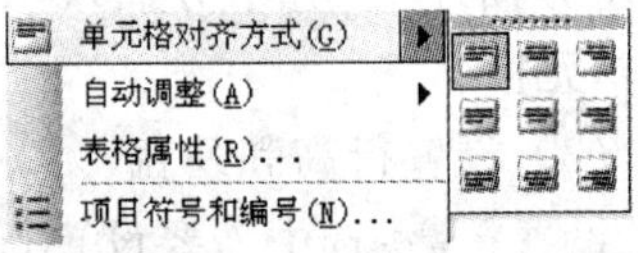

(7) 绘制斜线表头

使用表格工具"布局"选项卡"表"组中的"绘制斜线表头"命令,弹出"插入斜线表头"对话框,如图 3 - 26 所示,在"表头样式"列表框中选择所需样式,在行标

图 3 - 25　"单元格对齐方式"命令

题、数据标题、列标题中输入相应的信息,单击"确定"按钮,就可以在表格中插入一个较为复杂的表头。

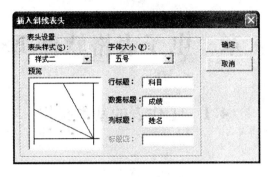

图 3 - 26　"插入斜线表头"对话框

3. 设置表格

【操作要求】

在"W 表格.docx"文档中完成以下操作。

① 设置外边框为 1.5 磅的红色双线,内部线为 0.5 磅的蓝单实线。

② 设置第一行底纹为 12.5% 灰度,第四列底纹为浅黄。

③ 将表格放在页面的中间。

(1) 表对齐方式

选中整个表格,使用"开始"选项卡"段落"组中的相应命令,通过单击"文本左对齐"按钮、"居中"按钮、"右对齐"按钮,可调整表格在页面中的位置。

(2) 单元格的边框和底纹修饰

常用的设置方法有两种。

① 选中所需单元格,使用表格工具"设计"选项卡"表样式"组中的"边框"、"底纹"命令进行操作即可。

② 选中所需单元格,单击鼠标右键,在弹出的快捷菜单中选择"底纹和边框"命令进行操作即可。

3.3.4　课后思考与练习

1. Word 2007 中生成表格的方式有几种? 是否可以使用"绘制表格"进行手工制表?

2. 如何追加和删除行?

3. 表格可以使用哪些方法删除?

4. 如何合并单元格?

5. 如何在单元格中画斜线?

第 4 章　电子表格软件 Excel

4.1　工作表的基本操作

4.1.1　实验目的

1. 熟练掌握工作表中数据的编辑方法。
2. 熟练掌握工作表的插入、复制、移动、删除和重命名。
3. 熟练掌握工作表格式化方法。
4. 掌握 Excel 数据运算的基本方法和函数的运用。

4.1.2　实验环境

1. 微型计算机
2. Windows XP 操作系统
3. Office 2007 应用软件

4.1.3　实验内容与步骤

【操作要求】

新建一个 Excel 工作簿,取名为"ex1.xlsx",在"ex1.xlsx"工作簿中完成以下操作。

① 在 Sheet1 工作表中输入如图 4-1 所示的内容,并将 Sheet1 重命名为"学生成绩表"。将学生成绩表复制一份,重命名为"排序"。

	A	B	C	D	E	F	G
1	学号	姓名	性别	高数	英语	计算机	总分
2	30101	张立红	女	79	76	89	244
3	30201	王云刚	男	85	90	94	269
4	30105	吴起	男	65	87	79	231
5	30106	刘阳	女	92	84	83	259
6	30204	李冬青	男	68	78	88	234
7	30209	杨帆	男	82	79	89	250
8	课程总分						
9	平均分						

图 4-1　Excel 工作簿中的"学生成绩表"工作表内容

② 添加一张新工作表,将其排在 Sheet3 工作表后,并命名为"成绩备份表"。

③ 删除表 Sheet2 和 Sheet3。

1. 新建工作簿

启动 Excel 2007 后,系统自动建立一个默认文件名为"Book1"的新工作簿。在 Excel 2007 中创建新工作簿的方法有多种,例如:

①　单击 Office 按钮面板中的"新建"命令,在打开的"新建文档"对话框中选择"空工作簿"。

②　使用 Ctrl + N 键。

2.　使用工作表

(1)　插入工作表

在默认情况下,每一个工作簿文件会打开 3 个工作表文件,分别以 Sheet1、Sheet2、Sheet3 命名;但是在实际应用中,使用的工作表常常会超过 3 个,这时必须增加工作表的数目。

插入工作表通常有两种方法。

①　单击"开始"选项卡"单元格"组中的"插入"命令,选择"插入工作表"。

②　在工作表选项卡区任意工作表名称上单击鼠标右键,在弹出的快捷菜单上选择"插入"命令,打开"插入"对话框,如图 4 - 2 所示,选择"工作表"命令,单击"确定"按钮,就插入了一个新的空白工作表,并且该表成为当前活动的工作表。

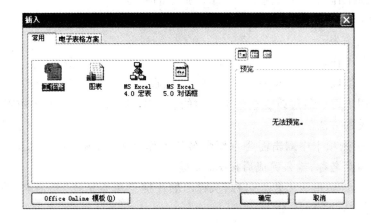

图 4 - 2　"插入"对话框

(2)　删除工作表

单击需要删除的工作表的名称,然后进行删除。通常有两种删除的方法。

①　单击"开始"选项卡"单元格"组中的"删除"命令,选择"删除工作表"。

②　在该工作表名称上,单击鼠标右键,在弹出的快捷菜单上选择"删除"命令。

(3)　移动工作表

移动工作表通常有两种方法。

①　在工作表选项卡中选定要移动的工作表名称,同时按住鼠标左键不松开,当鼠标指针上出现一个白色小纸片形状,并在该工作表名称左上角出现一个黑色的三角形时,沿着选项卡行拖动选中的工作表到达新的位置,松开鼠标左键即可。

②　在该工作表名称上,单击鼠标右键,在弹出的快捷菜单中选择"移动或复制工作表"命令,打开"移动或复制工作表"对话框,如图 4 - 3 所示,选择合适的位置即可。这种方法可以使工作表在不同的工作簿之间进行移动。

图 4 - 3　"移动或复制工作表"对话框

（4）复制工作表

复制工作表通常有两种方法。

① 与用鼠标移动工作表的方式相似，只是在操作的同时要按住 Ctrl 键。复制的新工作表的名称是在原工作表名称后附上了一个带括号的编号。

② 在图 4 - 3 所示的对话框中，选择"建立副本"复选框，再按照移动工作表的方式，即可复制指定的工作表。

（5）重命名工作表

工作表通常都以 Sheet1、Sheet2 等来命名。但在实际工作中，很不方便人们记忆和进行有效的管理。用户可以通过改变这些工作表的名字来对工作表进行有效的管理。通常有两种重命名工作表的方法。

① 在工作表选项卡中双击需要重新命名的工作表名称，该工作表名称会反相显示，此时可输入合适的新名称，输入完成后按 Enter 键。

② 用鼠标右键单击该工作表名称，从弹出的快捷菜单中选择"重命名"命令，再输入合适名称，输入完成后按 Enter 键。

3. 编辑工作表

【操作要求】

在"ex1. xlsx"工作簿的"学生成绩表"中完成以下操作。

① 设置表格数据区行高为 20，列宽为 10。

② 在表格第一行上添加一行，行高为 40，并在 A1 中输入表头内容：学生成绩表，然后将 A1 到 G1 合并居中，字体设置为华文行楷，24 磅；填充淡黄色底纹。

③ 将第二行，即行标题所在的行设置为黑体，18 磅字；其他数据行设为 14 磅字。

④ 将表格数据区外边框设置为青色粗单线，内边框设置为玫瑰红细单线。

⑤ 文字水平和竖直方向均设置为居中对齐。

设置完成之后的表格样式如图 4 - 4 所示。

（1）插入行、列、单元格

将光标移到需要插入行、列、单元格的单元格上，通常有两种插入的方法。

① 在该单元格上单击鼠标右键，在弹出的快捷菜单中选择"插入"命令，打开"插入"对话框，如图 4 - 5 所示，再按要求操作即可。

图 4 - 4　设置完成之后的样图

② 单击"开始"选项卡"编辑"组的"插入"命令,选择下拉菜单中的相应选项即可,如图 4 - 6 所示。

图 4 - 5　"插入"对话框　　　　　图 4 - 6　"插入"下拉菜单

（2）删除行、列或单元格

将光标移到需要删除行、列或单元格的单元格上,具体方法与插入方式相似。

① 在该单元格上单击鼠标右键,在弹出的快捷菜单中选择"删除"选项,打开"删除"对话框,再按要求操作即可。

② 单击"开始"选项卡"编辑"组中的"删除"命令,选择下拉菜单中的相应选项即可。

（3）设置行高和列宽

通常工作表中行高和列宽都是相等的,如果单元格的宽度太小,输入的文字超过了默认的宽度,单元格中的内容就会溢出到右边的单元格。此时,需要对单元格的列宽进行调整。一般来说,单元格的行宽会随着字体的大小自动调整。用户也可以根据需要进行设置。

调整列宽和行高的方法有两种。

① 选中需要调整行高的行标,或选中需要调整列宽的列标,在行标或列标处单击鼠标右键,选择快捷菜单中的"行高"或"列宽"选项,打开如图 4 - 7 所示的对话框,输入设置的高度和宽度,单击"确定"按钮。

② 单击"开始"选项卡"单元格"组中的格式命令,也可设置行高和列宽。

图 4 - 7　"列宽"和"行高"对话框

（4）设置单元格格式

设置单元格格式包括单元格的字体、文本的对齐方式、数字的类型以及单元格的边框、图案及保护等。其设置方式与 Word 2007 中表格单元格的操作相似,但 Excel 提供了更集中的操作方式,即使用"单元格格式"对话框。

选择需要进行设置的单元格,打开"单元格格式"对话框通常有两种方式。

① 在选定的单元格范围内单击鼠标右键,在弹出的快捷菜单中选择"设置单元格格式"选项,打开如图 4-8 所示的"单元格格式"对话框,再按要求进行操作即可。

② 在"开始"选项卡中单击"字体"、"对齐方式"或"数字"组右下角的图标 ,也可以打开"单元格格式"对话框。

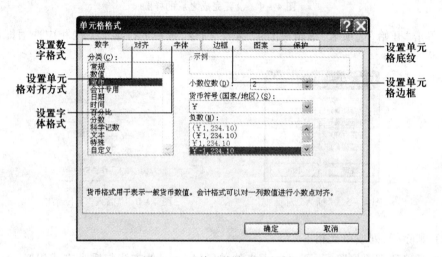

图 4-8 "单元格格式"对话框

4. 公式

【操作要求】

在"ex1. xlsx"工作簿的"学生成绩表"中完成以下操作。

① 利用公式算出每个学生的总分。

② 用 SUM( ) 函数及 AVERAGE( )函数求出各门课程的总分和平均分。

计算完成后的表格样图如图 4-9 所示。

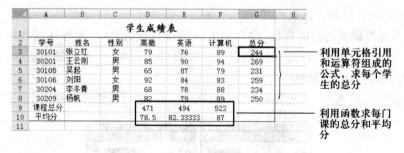

图 4-9 计算完成后的表格样图

(1) 创建公式

这里举一个简单的例子。公式为 $y=6x+5$,计算 x 从 1 变化到 6 时 y 的值。先在第一列中输入数 $1\sim6$,然后在 B1 单元格中输入" $=6*A1+5$",再将其填充到下面的单元格中即可,如图 4-10 所示。

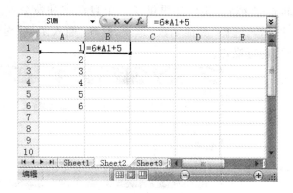

图 4 – 10　公式编辑

　　这里需要注意的是,Excel 中所有的公式都是以等于号开头的,等于号告诉系统其后的字符串是公式,而不是普通字符。Excel 公式中可以包括 0,1,2 等 10 个数字和 + , – 等运算符,系统会利用它们的数值完成数学运算。此外,公式中还可以包括 5 种数字格式字符:" $ "," , "," (",") "," % "。但在使用时,必须用双引号括起来。

　　（2）编辑公式

　　公式和一般的数据一样可以进行编辑,编辑方式同编辑普通的数据一样,可以对公式进行复制和粘贴。先选中一个含有公式的单元格,然后单击工具栏上的"复制"按钮,再选中要复制到的单元格,单击工具栏上的"粘贴"按钮,该公式就复制到下面的单元格中了,可以发现其作用和前面填充出来的效果是相同的。

　　其他操作如移动、删除等也与一般的数据操作相同,只是要注意在有单元格引用的地方,无论使用什么方式在单元格中填入公式,都存在一个相对、绝对和混合引用的问题。

　　（3）相对引用、绝对引用和混合引用

　　相对引用是指向相对于公式所在单元格的相应位置的单元格,例如,"本单元格上两行的单元格"。绝对引用是指向表中固定位置的单元格,例如,"位于 A 列、2 行的单元格",混合引用包含一个相对引用和一个绝对引用,例如,"位于 A 列,上两行的单元格"。

- 相对引用单元格 A1:= A1。
- 绝对引用单元格 A1:= A1。
- 混合引用单元格 A1:

= $A1," $ "在字母前,含义是列位置是绝对的,行位置是相对的;

= A$1," $ "在数字前,含义是行位置是绝对的,列位置是相对的。

　　（4）引用其他工作表中的单元格

　　在某个工作表中可以引用其他工作表中的单元格,方法是:其他工作表的名称 +"!"+单元格。例如,Sheet3!A5,表示引用的是 Sheet3 工作表中的 A5 单元格。

　　5. 函数

　　函数是对单个值或多个值进行操作,并且返回单个值或多个值的已经定义好的公式。在 Excel 中,函数是由函数名和括号内的参数组成的。Excel 提供了几百个函数,熟练掌握每个函数是很困难的,用户可以使用"公式"选项卡"函数库"组中的命令,选择所需的函数进行操作。

另外,在"开始"选项卡"编辑"组中还提供了一个自动求和命令  ,里面包含 5 个常用的函数,如图 4 - 11 所示。选择"其他函数"选项,打开"插入函数"对话框,如图 4 - 12 所示,同样选择所需的函数进行操作。

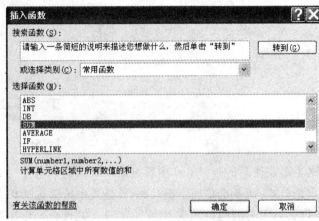

图 4 - 11　5 个常用函数　　　　　　图 4 - 12　"插入函数"对话框

4.1.4　课后思考与练习

1. 单元格中的公式是如何创建出来的?
2. 绝对引用和相对引用有什么区别? 分别举例说明。
3. 如何设置单元格的边框线?

4.2　图 表 处 理

4.2.1　实验目的

1. 熟练掌握创建图表的方法。
2. 掌握图表整体编辑和对图表中各对象的编辑。
3. 掌握图表的格式化。

4.2.2　实验环境

1. 微型计算机
2. Windows XP 操作系统
3. Office 2007 应用软件

4.2.3　实验内容与步骤

【操作要求】

在"ex1.xlsx"工作簿的"学生成绩表"中完成以下操作。

① 在"学生成绩表"工作表中利用已有数据建立如图 4 - 13 所示的图表,图表类型为"柱形图"及其子类型中的第一个类型。

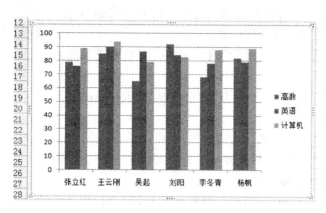

图 4 - 13　学生成绩表柱形图

②添加图表标题"学生成绩对比图",并设图表标题的字体为华文行楷,20 磅字,颜色为红色。

③添加图表坐标轴标题"成绩"、"姓名",字体为宋体,16 磅,加粗。

④图例设置为宋体,14 磅;填充黄色。

⑤将图表放入单元格 A12∶I33 的区域内。

⑥去掉绘图区上的网格线,并将图表区填充为水绿色,绘图区填充为深青色。

设置之后的图表样式如图 4 - 14 所示。

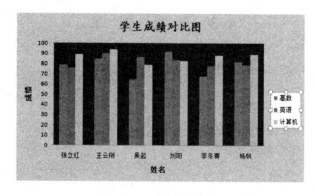

图 4 - 14　设置完成之后的样图

1. 建立图表

先在工作表中选择一个数据区域,即选中所需要建立图表的数值。然后,在"插入"选项卡"图表"组中选择图表的类型,如选择"柱形图",从"子图表类型"列表中选择第一个图形。最后,在当前工作表中生成一个图表。

2. 编辑和格式化图表

(1)添加图表标题

在图表工具"布局"选项卡"标签"组中选择"图标标题"命令。

(2)添加或修改图表坐标轴标题

在图表工具"布局"选项卡"标签"组中选择"坐标轴标题"命令。

(3)修改图表数据范围

在图表工具"设计"选项卡"数据"组中选择"选择数据"命令。

（4）修改图表的文字大小和颜色

选定需要修改的文字,在"开始"选项卡"字体"组中进行操作。

（5）修改图表样式

在图表工具"设计"选项卡"类型"组中选择"更改图表类型"命令。

（6）图表格式的设置

要对图表中的某个对象进行格式设置,可以在相应对象上单击鼠标右键,在弹出的快捷菜单中选择设置格式命令,然后在弹出的相应对话框中进行设置。

3. 调整图表的大小和位置

改变图表的大小:单击图表,图表周围出现 8 个黑色的控制点,表示图表被选中,把鼠标指针移到这些控制点处,当鼠标指针变成双箭头时,可以拖动鼠标到合适的位置,该图表的大小就改变了。

改变图表的位置:单击图表,按住鼠标左键将图表拖动到合适的位置即可。

4.2.4 课后思考

1. 经常可以看到一种饼图,有一部分同其他的部分分离,这是如何完成的呢?

2. 如何更改 Excel 中柱形图的颜色?

3. 如果 Excel 中的源数据改变了,数据图会发生相应的改变吗?

4.3 数 据 管 理

4.3.1 实验目的

1. 了解 Excel 的数据处理功能。

2. 掌握对数据列表的排序、筛选。

3. 掌握数据的分类汇总操作方法。

4.3.2 实验环境

1. 微型计算机

2. Windows XP 操作系统

3. Office 2007 应用软件

4.3.3 实验内容与步骤

【操作要求】

在"ex1. xlsx"工作簿中完成以下操作。

① 打开工作簿文件"ex1. xlsx",将上次建立的学生成绩表复制 4 份,分别取名为"成绩排序"、"自动筛选"、"高级筛选"和"分类汇总"。

② 选择"成绩排序"表,按性别进行升序排列,性别相同的再按总分进行降序排列。操作结果如图 4-15 所示。

	A	B	C	D	E	F	G
1	学生成绩表						
2	学号	姓名	性别	高数	英语	计算机	总分
3	30201	王云刚	男	85	90	94	269
4	30209	杨帆	男	82	79	89	250
5	30204	李冬青	男	68	78	88	234
6	30105	吴起	男	65	87	79	231
7	30106	刘阳	女	92	84	83	259
8	30101	张立红	女	79	76	89	244
9	课程总分			471	494	522	
10	平均分			78.5	82.33333	87	

在“成绩排序”表中进行排序操作

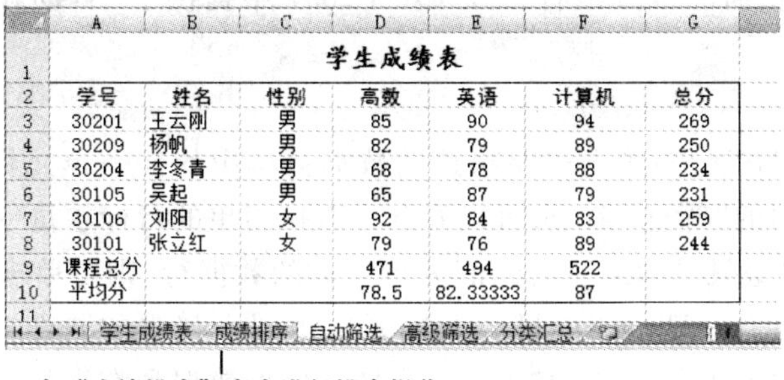

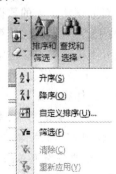

图 4－15　排序结果

③ 在“自动筛选”表中，利用自动筛选命令筛选出英语成绩超过 80 分，同时计算机成绩也超过 80 分的学生记录。操作结果如图 4－16 所示。

	A	B	C	D	E	F	G
1	学生成绩表						
2	学号	姓名	性别	高数	英语	计算机	总分
4	30201	王云刚	男	85	90	94	269
6	30106	刘阳	女	92	84	83	259
9	课程总分			471	494	522	
10	平均分			78.5	82.33333	87	

在“自动筛选”表中进行自动筛选操作

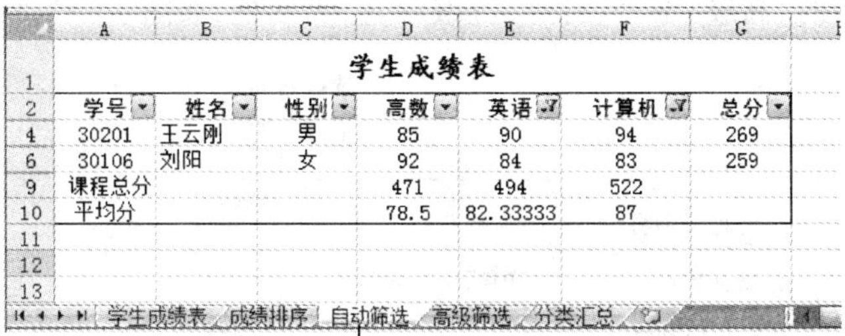

图 4－16　自动筛选结果

④ 在“高级筛选”表中，利用高级筛选命令筛选出计算机成绩在 80～90 分之间的男学生，并将筛选结果放在同一表中的 A17:G24 对应的区域。

⑤ 在“分类汇总”表中，按性别分类，对总分和计算机成绩求平均值。

1. 数据排序

工作表中的数据通常是按照输入顺序来显示的，用户可以使用排序命令使数据重新按需要的顺序有序排列。

(1) 对一列内容进行单一排序，包括升序排序和降序排序两种方式

具体操作步骤如下：选择需进行排序的某一数据列的内容，在“开始”选项卡“编辑”组中选择“排序和筛选”命令，如图 4－17 所示，可以通过不同的选项进行升序和降序操作。

(2) 对两列或更多列中的内容进行多重排序

具体操作步骤如下：选择需要进行多重排序的数据列，在“开始”选项卡“编辑”组中选择“自定义排序”命令，打开“排序”对话框，设置主要关键字，如要多重排序，可以单击“添加条件”按钮，添加“次要关键字”，依次设置完成，单击“确定”即可。

图 4－17　“排序和筛选”下拉菜单

2. 数据筛选

数据筛选就是指在众多的数据中挑选满足给定条件的数据子集。筛选功能可以使 Excel 只显示出符合设定筛选条件的某

一个值或一组值的行,而隐藏其他行。在 Excel 2007 中提供了"自动筛选"和"高级筛选"命令。

（1）自动筛选

自动筛选的操作方法是:单击需要筛选的数据清单中的任一单元格,单击"数据"选项卡"排序和筛选"组中的"筛选"命令,可以看到在数据清单的行标题每一项的右下角会出现筛选箭头 ，如果希望只显示某一列的值为特定值的数据行,则可单击该列标题右端的筛选箭头 ，然后选择需要显示的项目。如果要使用同一列中的两个数值筛选数据清单,则要使用比较运算符而不是简单的"等于"符号。单击数据列右下端的筛选箭头选择"自定义筛选"命令,打开"自定义自动筛选方式"对话框,在对话框设置好后,单击"确定"按钮即可。

（2）高级筛选

高级筛选的操作方法是:先根据筛选条件建立相应的条件区,然后单击"数据"选项卡"排序和筛选"组中的"高级"命令,打开"高级筛选"对话框,如图 4 – 18 所示。

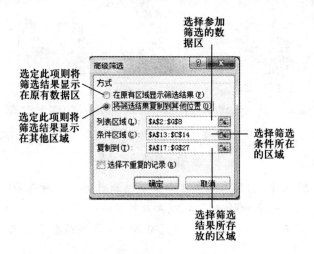

图 4 – 18　"高级筛选"对话框

在对话框中进行好设置后,单击"确定"按钮即可。

3．数据分类汇总

对数据清单上的数据进行分析的一种方法是分类汇总。例如,学生成绩表由学号、姓名、性别、高数、英语、计算机、总分等多组数列组成,并且包含有数百条学生成绩记录。可以使用分类汇总的方法对学生按照性别进行分类,再对其他数列如计算机、总分进行求和、求平均值、求最大值、求最小值等汇总操作。例如,用分类汇总计算出男生和女生计算机的平均分。具体操作如下。

注意:分类汇总前,先要按照分类项进行排序,例如这个例子中要求按"性别"分类,就要先按"性别"排序,然后再进行分类汇总操作。

① 在要分类汇总的数据清单中,单击任一单元格,在"数据"选项卡"分级显示"组中,选择"分类汇总"命令,打开"分类汇总"对话框,如图 4 – 19 所示。

② 在"分类字段"下拉列表框中,单击需要用来分类汇总的数据列,如"性别"。

③ 在"汇总方式"下拉列表框中,单击所需的用于计算分类汇总的函数,如"平均值"。

④ 在"选定汇总项"框中(可有多个),选定需要汇总计算的数值列对应的复选框,如"总分"和"计算机"。

⑤ 单击"确定"按钮,就可得到分类汇总结果,如图 4 – 20 所示。

图 4 – 19 "分类汇总"对话框

学生成绩表						
学号	姓名	性别	高数	英语	计算机	总分
30101	张立红	女	79	76	89	244
30106	刘阳	女	92	84	83	259
		女 平均值			86	251.5
30204	李冬青	男	68	78	88	234
30209	杨帆	男	82	79	89	250
30105	吴起	男	65	87	79	231
30201	王云刚	男	85	90	94	269
		男 平均值			87.5	246
		总计平均值			87	247.8333

图 4 – 20 "分类汇总"结果

4.3.4 课后思考与练习

1. 如何将筛选操作恢复为全部显示或者普通显示?

2. 如何取消分类汇总?

3. 在处理大规模数据并且需要分页列表显示时,如何实现每页列表中均显示表头的效果?

第 5 章　演示文稿软件 PowerPoint

5.1　演示文稿创建与编辑

5.1.1　实验目的

1. 掌握演示文稿建立的基本过程和方法。
2. 利用插入图片、艺术字和"绘图"工具栏修饰幻灯片。
3. 演示文稿中文字的格式化和美化。
4. 添加特殊的背景效果，对文稿的背景进行设置，以及文稿的模板设计和修改。

5.1.2　实验环境

1. 微型计算机
2. Windows XP 操作系统
3. Office 2007 应用软件

5.1.3　实验内容与步骤

【操作要求】

为了向别人介绍自己，制作 4 张幻灯片，它们分别是封面、简历、爱好和家人。

① 新建一个空白演示文稿。

② 建立第一张幻灯片：在"标题幻灯片"中的"单击此处添加标题"处输入标题"自我介绍"。

③ 建立第二张幻灯片：插入新幻灯片，选择"两栏文本版式"。在"单击此处添加标题"处输入标题"简历"，在左侧"单击此处添加文本"处输入个人的学习简历。

④ 建立第三张幻灯片：插入新幻灯片，选择"内容与标题版式"。在"单击此处添加标题"处输入标题"家人"，在"单击此处添加文本"处输入家人简介。

⑤ 建立第四幻灯片：插入新幻灯片，选择"标题与竖排文字版式"。在"单击此处添加标题"处输入标题"爱好"，在"单击此处添加文本"处输入个人的爱好。

⑥ 将第四张幻灯片移到第三张幻灯片之前。

⑦ 将这个演示文稿保存在 D 盘自己的文件夹中，名称为"自我简介.ppt"。

1. 新建演示文稿

启动 PowerPoint 2007 之后，系统将自动建立一个默认文件名为"演示文稿 1"的空演示文稿文件。通常有 3 种新建演示文稿的方式。

（1）新建空演示文稿

单击 Office 按钮面板中的"新建"命令,在打开的"新建演示文稿"对话框中,依次选择"空白文档和最近使用文档"、"空白演示文稿"。

（2）根据设计模板新建演示文稿

单击 Office 按钮面板中的"新建"命令,在打开的"新建演示文稿"对话框中,依次选择"已安装的模板"、"现代型相册",其效果如图 5 - 1 所示。然后,可以在已有的幻灯片模板上创建演示文稿。

图 5 - 1　"现代型相册"模板效果图

（3）根据设计主题新建演示文稿

单击 Office 按钮面板中的"新建"命令,在打开的"新建演示文稿"对话框中,从"已安装的主题"中选择一种主题,如"暗香扑面",其效果如图 5 - 2 所示。然后,可以在已有幻灯片背景的基础上创建新的演示文稿。

图 5 - 2　主题效果示例

2．幻灯片基本操作

演示文稿是由一张或多张幻灯片组成的。演示文稿建立之后的首要问题是对幻灯片进行各种操作,如输入文本,编辑文本,格式化文本,以及复制、移动和删除幻灯片等。

（1）输入和编辑文本

① 在占位符中输入文本

在创建演示文稿之后，选定一张幻灯片，幻灯片窗口上有两个带有虚线的边框，称为"占位符"。单击任何一个占位符都可以进入编辑状态，用户可以根据需要输入相应的文字。输入完成后，单击幻灯片的空白区域即可。

② 在大纲区或幻灯片列表区输入文本

具体操作步骤如下。

a. 在普通视图新建演示文稿。

b. 在大纲区或幻灯片列表区选择"大纲"选项卡。

c. 单击空白区，可以进行文本的输入。

d. 按 Ctrl + Enter 键，光标下移一行，并缩格显示，此时输入下一级文本内容。

e. 按 Enter 键，建立一张新的幻灯片。

效果如图 5 - 3 所示。

图 5 - 3　在大纲区或幻灯片列表区输入文本

③ 在文本框中输入文本

当需要在文本占位符以外的地方输入文本内容时，用户可以利用文本框进行文本的输入。

具体操作步骤如下。

a. 在"插入"选项卡"文本"组中选择"文本框"命令。

b. 在需要添加文本的位置，单击鼠标左键，打开文本虚线编辑框，在框内任何位置单击鼠标左键，可以输入文字。

c. 输入完成后，单击幻灯片的空白区域即可。

无论采用哪种文本输入方式，输入文本内容之后都可以对文本进行编辑，例如，设置文本的字体、字号、文字颜色等，对文本的内容进行移动、删除、复制以及格式化等操作。其设置、编辑和格式化的方法，类似 Word 2007 中的文本操作方法。

（2）插入新幻灯片

插入新幻灯片通常有三种方法。

① 在插入新幻灯片的位置，选择"开始"选项卡"幻灯片"组中的"新幻灯片"命令下所需的新幻灯片，就可以在当前幻灯片的后面插入新幻灯片。

② 在大纲区或幻灯片列表区,将光标移到需要在后面添加新幻灯片的幻灯片上,按 Enter 键就可以在当前幻灯片的后面插入新幻灯片。

③ 在插入新幻灯片的位置,按 Ctrl + M 键。

（3）复制幻灯片

复制幻灯片有以下三种方法。

① 选中要复制的幻灯片,单击鼠标右键,在弹出的快捷菜单中选择"复制"命令,或者打开"编辑"菜单,单击"复制"命令即可将幻灯片的内容复制到剪贴板中。在目标位置单击鼠标右键,在弹出的快捷菜单中选择"粘贴"命令,或者打开"编辑"菜单,单击"粘贴"命令即可复制出完全一样的幻灯片。

② 选中要复制的幻灯片,选择"开始"选项卡"幻灯片"组中的"新幻灯片"命令下的"复制所选幻灯片",就可以在当前幻灯片的后面复制出完全一样的幻灯片。

③ 在大纲区或幻灯片列表区,选中要复制的幻灯片,按住鼠标左键,同时按住 Ctrl 键,将鼠标拖动到需要复制的地方即可。

（4）移动幻灯片

移动幻灯片的操作非常方便,在"普通视图"下的"幻灯片浏览视图"、大纲区或幻灯片列表区中,只需用鼠标拖动要移动的幻灯片到所需的位置即可。

（5）删除幻灯片

选中要删除的幻灯片,选择"开始"选项卡"幻灯片"组中的"删除"命令,或单击鼠标右键,从弹出的快捷菜单中选择"删除幻灯片"即可。

【操作要求】

在"自我简介. ppt"演示文稿中完成以下操作。

① 在第一张"自我介绍"幻灯片中,插入一个"十字星"形自选图形。

② 在第二张"简历"幻灯片中,插入一张"高考成绩表"表格。

③ 在第三张"爱好"幻灯片中,插入"我的爱好,我主张"的艺术字。

④ 在第四张"家人"幻灯片中,插入一张"全家福"照片或相关剪贴画。

⑤ 在第一张"自我介绍"幻灯片中,将标题设置为华文琥珀,66 号字,紫色;将"十字星"形自选图形放置在右上角,颜色改为黄色。

⑥ 在第二张"简历"幻灯片中,将标题设置为华文行楷,60 号字,加粗;将文本设置为宋体,32 号字;将"高考成绩表"设置为隶书,40 号字,加绿色 4.5 磅边框;第一行添加黄色底纹。

⑦ 在第三张"爱好"幻灯片中,将标题设置为华文行楷,60 号字,加粗;将文本设置为华文楷体,40 号字;将"我的爱好,我主张"的艺术字设置为隶书,96 号字,蓝色。

⑧ 在第四张"家人"幻灯片中,将标题设置为华文行楷,60 号字,加粗;将文本设置为华文楷体,40 号字。

3. 演示文稿的美化和格式化处理

（1）插入剪贴画

① 选择"开始"选项卡"幻灯片"组中的"版式"命令,有各种版式,选择其中的一种,例如选择"内容和标题"版式,建立一张新幻灯片。

② 单击"插入剪贴画"图标▓▓，在窗口右侧出现"剪贴画"提示区，在"搜索文字"中输入所需要的剪贴画类型信息，在图片区中会显示出该类剪贴画的缩略图，如图 5-4 所示。单击选中图片，剪贴画便插入到"单击此处添加文本"处了。

图 5-4　显示"剪贴画"提示区

③ 适当地调整图片的大小和位置，单击图片，可以利用图片工具进行设置，方法与 Word 2007 中图片的设置方法相似，可以根据需要对图片的多种属性进行设置。

（2）插入外部图形文件

单击"插入来自文件的图片"图标▓▓，打开"插入图片"对话框，再根据需要选择一张图片，单击"确定"按钮即可。

（3）插入图表对象

幻灯片的内容若只是纯文本，则会非常单调、枯燥，在幻灯片中加入图表不仅可以使幻灯片生动活泼，还可以使幻灯片的内容更加直观，更加有说服力。所谓图表，就是将大量的数据用直观的图形表示出来。

在占位符中插入图表的具体操作是：单击"插入图表"图标▓▓，打开"插入图表"对话框，用户可根据需要选择合适的图表版式。单击数据表上的单元格，输入新的信息可以对数据表的内容重新进行编辑。

（4）插入表格

表格也是幻灯片中的重要元素之一。在 PowerPoint 中提供了多种插入表格的方法。在占位符中插入表格的具体操作是：单击"插入表格"▓▓图标，打开"插入表格"对话框，输入建立表格的行数和列数，单击"确定"按钮，窗口中就会出现建立的表格，在表格中可以输入相应的信息。

此外，可以利用"表格工具"对表格进行修改、修饰、格式化等操作。

（5）插入多媒体对象

PowerPoint 除了可以插入图片、图表等对象之外，还可以在幻灯片中插入图像、影片和声音等多媒体对象，增加幻灯片的感染力。

【操作要求】

在"自我简介.ppt"演示文稿中完成以下操作。

① 在幻灯片母版中添加"大学计算机基础实验"的页脚,添加页码。

② 在这个幻灯片演示文稿中选择一个合适的应用模板。

4. 幻灯片模板设计

(1) 母版的设计

每一张幻灯片都由两部分组成,一个是幻灯片本身,另一个就是幻灯片的母版,它们就像两张透明的胶片叠放在一起,上面是幻灯片本身,下面是幻灯片的母版。在编辑幻灯片时,母版一般是固定的,更换的是幻灯片的内容。同样,用户也可以对母版进行编辑,设计具有自己风格和特色的版式。

具体操作步骤如下。

在"视图"选项卡"演示文稿视图"组中选择"幻灯片母版"命令,打开幻灯片母版,如图5-5 所示,对母版进行修改、设置。修改之后,母版的内容会在每张幻灯片上出现。

注意:除了可以修改幻灯片母版外,还可以修改讲义母版、备注母版,方法类似于修改幻灯片母版。

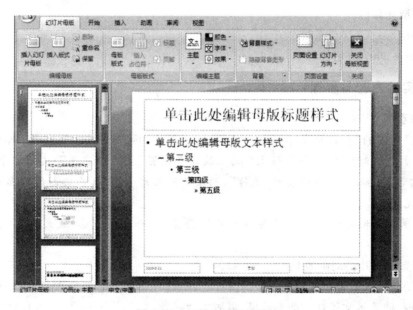

图 5-5　幻灯片母版的设计

(2) 应用设计模板的使用

所谓模板,是以一种特殊格式保存的演示文稿。在 PowerPoint 中自带了很多种风格不同的模板,用户可以根据需要和喜好进行选择。在选取一种模板之后,幻灯片的背景图形、配色方案、幻灯片中文字和图片的布局等都已经确定。

注意:利用幻灯片母版和应用设计模板改变的是所有幻灯片的背景,如果要改变个别幻灯片的背景,可以直接修改该幻灯片。

5.1.4　课后思考与练习

1. 设计模板和设计版式有何区别?

2. 如何一次性更改所有幻灯片的背景?

3. 建立新幻灯片有哪几种方法?

5.2　演示文稿的放映、动画与超链接

5.2.1　实验目的

1. 掌握幻灯片的动画技术。
2. 掌握幻灯片的超链接技术。
3. 掌握幻灯片的多媒体技术。
4. 放映演示文稿。
5. 演示文稿的打包。

5.2.2　实验环境

1. 微型计算机
2. Windows XP 操作系统
3. Office 2007 应用软件

5.2.3　实验内容与步骤

【操作要求】

打开已建立的"自我简介.ppt"演示文稿,在所建的四张幻灯片中完成以下操作。

① 在第二张幻灯片中,将标题文字的放映效果设置为"内向溶解";文本部分动画效果设置为"右下角飞入",声音设置为"风铃",动画效果在前一事件(即标题的动画)后1秒钟自动启动完成。

② 在第三张幻灯片中,将艺术字动画效果设置为"放大/缩小",放大150%,声音设置为"鼓声"。

1. 设置幻灯片的动画效果

设置动画效果就是在放映某一张幻灯片时,幻灯片中的各个对象按照某种规律以动画的效果出现,使演示文稿具有动态效果,更加生动有趣。

(1) 设置动画方案

① 选中需要添加动画效果的幻灯片。

② 在"动画"选项卡"动画"组中,选择"动画"命令提供的各种动画方案。

③ 选择合适的动画效果进行动画设置。

④ 放映幻灯片时,就可以看到动画效果了。

(2) 自定义动画

① 选中需要添加动画效果的幻灯片。

② 在"动画"选项卡"动画"组中,选择"自定义动画"命令。

③ 选择需要添加动画效果的文本,打开"添加效果"的菜单,如图5-6所示,可以对其进行进入、强调、退出和动作路径动画效果的设置。设置动画效果后,还可以对动画效果属性进行设置。在对话框下部列出了已经设定动画效果的信息,可以利用 ⬆ 和 ⬇ 重新排序。

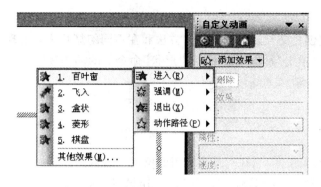

图 5 - 6　"添加效果"菜单

【操作要求】

在"自我简介"演示文稿中完成以下操作。

① 在第一张幻灯片的左下角插入一个"结束"动作按钮,动作按钮设置为:单击鼠标时超链接到最后一张幻灯片。

② 将第四张幻灯片的照片超链接到"百度"。

2. 创建交互式演示文稿

幻灯片播放时是顺序播放的。为了使观众能够灵活地观看幻灯片,能够随时看到指定的内容(例如,看完第 2 张幻灯片之后,看第 5 张幻灯片),可以创建交互式演示文稿。通过 PowerPoint 的动作设置、超链接和动作按钮功能可以创建交互式演示文稿。

(1)自定义放映

在"幻灯片放映"选项卡"开始放映幻灯片"组中,选择"自定义幻灯片放映"命令,打开"自定义放映"对话框,选择"新建"按钮,弹出"定义自定义放映"对话框,根据需要设置需要放映的幻灯片的顺序即可。

(2)超链接

① 选择需要进行超链接的文字或图片,单击鼠标右键,在弹出的快捷菜单中选择"超链接"命令,打开"插入超链接"对话框,如图 5 - 7 所示。

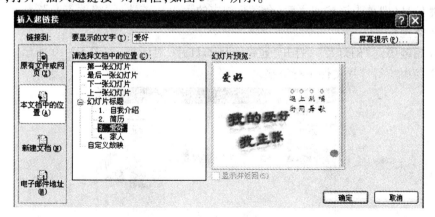

图 5 - 7　"插入超链接"对话框

② 在"插入超链接"对话框中,选择"本文档中的位置"栏,可在本演示文稿中的任意幻灯片间进行切换;选择"原有文件或网页"栏,可在该幻灯片与指定网页间进行切换。

（3）动作按钮

下面详细介绍创建交互式演示文稿的方法和在不同幻灯片之间实现灵活跳转的方法。

① 在"插入"选项卡"插图"组中选择"形状"命令下的动作按钮，如图 5-8 所示。

图 5-8　动作按钮

② 选择合适的按钮样式，在幻灯片适当的位置单击鼠标，同时拖动鼠标，可以对按钮的大小及位置进行设置。单击鼠标之后，弹出"动作设置"对话框，如图 5-9 所示，"动作"指的是当单击按钮时所发生的后续操作。

图 5-9　"动作设置"对话框

③ 在"超链接到"中选择链接到哪张幻灯片（即单击该按钮之后，可跳转到指定的幻灯片）。若选择 URL，则必须给出完整的 IP 地址；若选择"运行程序"按钮，则必须给出相应程序的位置信息（即单击该按钮之后，会运行相应的程序）；若选择"播放声音"，则必须指定相应的声音类型。

选择超链接到"幻灯片"，打开"超链接到幻灯片"对话框，如图 5-10 所示。可以对当前演示文稿中的幻灯片文件进行链接。

图 5-10　"超链接到幻灯片"对话框

【操作要求】

在"自我简介.ppt"演示文稿中完成以下操作。

将全部幻灯片切换效果设置成"随机水平线条",换页方式为每隔 3 秒钟换页。

3．设置幻灯片的切换

简单的幻灯片放映中幻灯片是一张接着一张按顺序进行播放的。PowerPoint 提供的幻灯片的切换就是放映幻灯片时,在幻灯片的切换中加入特殊效果。

① 选择需要设置效果的一个或多个幻灯片(在"幻灯片列表区"中,单击鼠标选中某一幻灯片,然后按住 Ctrl 键,单击鼠标选择其他的幻灯片,这样可以选择多个幻灯片)。

② 在"动画"选项卡"切换到此幻灯片"组中选择合适的切换效果。

③ 还可以对切换效果的属性进行设置。

【操作要求】

在"自我简介.ppt"演示文稿中完成以下操作。

① 设置所有幻灯片的放映方式为全部"循环放映"。

② 放映幻灯片。

4．幻灯片的放映

(1)播放幻灯片

制作完幻灯片后,不再进行任何参数的设置,就可以直接使用投影仪放映幻灯片了。启动幻灯片的放映方式有以下几种。

① 单击窗口右下角的"幻灯片放映"按钮 。

② 选择"幻灯片放映"选项卡中"开始放映幻灯片"组中的各种放映命令。

注意:放映结束后,单击鼠标右键,从弹出的快捷菜单中选择"结束放映"命令,返回编辑状态。

(2)设置放映方式

用户可以根据演示文稿的特点、用途和观众的需要,以多种方式放映幻灯片,控制放映过程。具体操作步骤如下。

① 选择"幻灯片放映"选项卡"设置"组中的"设置幻灯片放映"命令,弹出"设置放映方式"对话框,如图 5 - 11 所示。

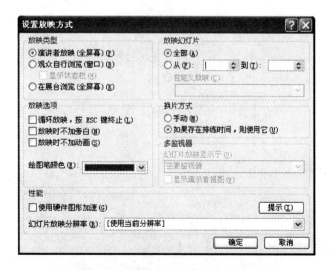

图 5 - 11 "设置放映方式"对话框

②"放映类型"的选择。

- 演讲者放映：是系统默认选项。放映是以全屏幕的形式进行的，鼠标指针会出现在屏幕上，放映过程中可以实时控制。

- 观众自行浏览：不能利用鼠标实时控制放映，只能自动放映或者利用滚动条放映；也可以利用键盘上的 Page Up 键和 Page Down 键控制幻灯片放映。

- 在展台浏览（全屏幕）：可以自动运行演示文稿，结束放映只能使用 Esc 键。

PowerPoint 在"幻灯片放映"选项卡"开始放映幻灯片"组中，提供了"自定义放映"功能，用户可以有选择地进行幻灯片的放映，而且可以重新安排幻灯片的放映顺序。

5.2.4　课后思考与练习

1. 在演示文稿中，如何设置与其他文件的超链接？
2. 如何不通过单击鼠标而让幻灯片自行播放？
3. 在一个幻灯片中，如何让一张图片按照某种路径播放？

第6章 常用工具软件的使用

6.1 压缩软件 WinRAR 的使用

6.1.1 实验目的

1. 掌握 WinRAR 的安装方法。
2. 掌握 WinRAR 快速压缩的使用方法。
3. 掌握 WinRAR 解压文件的使用方法。
4. 掌握 WinRAR 加密文件的使用方法。

6.1.2 实验环境

1. 微型计算机
2. Windows XP 操作系统
3. WinRAR 中文版

6.1.3 实验内容与步骤

1. WinRAR 的安装

WinRAR 的安装十分简单,只要双击 WinRAR 的安装压缩包,就会出现如图 6-1 所示的界面。

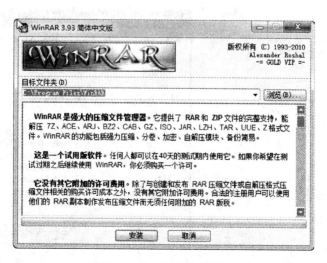

图 6-1 WinRAR 安装界面

单击 WinRAR 安装界面上的"浏览"按钮,选择好安装路径后单击"安装"按钮,出现如图 6-2 所示的 WinRAR 关联文件界面。安装程序结束后确定好关联文件,就可以使用 WinRAR 了。

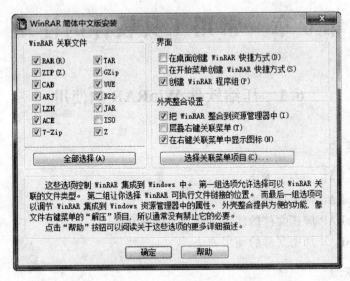

图 6-2　WinRAR 关联文件界面

2. WinRAR 快速压缩

需要压缩文件时,先将一个或多个文件选定,然后单击鼠标右键,弹出快捷菜单,如图 6-3 所示。其中用圆圈标注的部分就是快捷菜单中 WinRAR 启动的快捷键。

在图 6-3 所示的快捷菜单中选择"添加到档案文件"命令,打开"档案文件名字和参数"对话框,选择"常规"选项卡,如图 6-4 所示。下面对"常规"选项卡上每个选项的功能做一个说明。

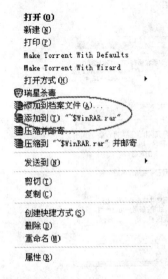

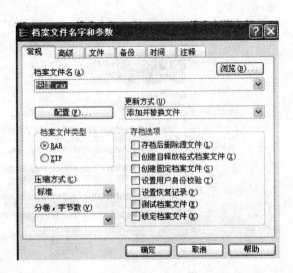

图 6-3　WinRAR 启动的快捷键　　　　图 6-4　"档案文件名字和参数"对话框

（1）设置压缩文件的名称和保存路径

在"档案文件名"下的文本框中输入压缩文件名称,然后单击"档案文件名"右边的"浏览"按钮,选择压缩文件的保存路径。

（2）更新压缩方式

如果由于升级等原因需要对以前曾压缩过的文件重新进行压缩,则可以通过"更新方式"下的下拉列表进行设置。

① 选择"添加并替换文件"是压缩并替代原压缩文件。

② 选择"添加并更新文件"是压缩并升级原压缩文件。

③ 选择"仅刷新已存在文件"是只有被压缩文件比现有文件新的时候才更新压缩。

④ 选择"同步档案文件内容"类似于创建一个新的压缩文件,当原文件中的文件在新文件中不存在时,此选项会添加此文件;当新文件中的文件在原文件中不存在时,删除此多余的文件,最终使新文件与原文件无差异。在很多时候,此选项的压缩速度比创建一个新文件快。

（3）选择压缩格式

在"档案文件类型"中可以选择文件压缩格式,这里可以选择 RAR 或 ZIP 格式进行压缩。

（4）设置压缩方式

在"压缩方式"中可以选择压缩的比例和压缩的速度,选择的压缩比例越大,压缩速度就越慢。

（5）设置压缩包大小

通过"分卷,字节数"可以选择压缩包的大小,当压缩后文件仍很大,需要分成几个较小文件时,这个选项是很有用的。

（6）其他设置

"存档选项"中有 7 个选项,为多选项,用户可以根据需要来选择。其中,"创建自释放格式档案文件"是 RAR 压缩格式文件独特的压缩形式。选择这一项后,将产生一个自动解压缩文件,可以在没有 WinRAR 系统时对文件进行解压缩。

选择好以上的选项后,单击"确定"按钮就可以对文件进行压缩了。

3. WinRAR 解压文件

图 6-5 所示的是一个压缩文件的图标。文件解压缩是将被压缩的文件还原成原文件。文件解压缩的操作过程如下。

用鼠标右键单击压缩文件图标,在弹出的快捷菜单中,选择"解压缩档案"命令,出现如图 6-6 所示的 WinRAR 解压缩界面。在该界面中的"目标路径"处选择解压缩后的文件路径和文件名称,然后单击"确定"按钮开始解压缩。

在解压缩时,用户可以根据需要对相关参数进行设置。

（1）更新方式

① "释放并替换文件":解压缩并替代已存在的文件。

② "释放并更新文件":解压缩后只更新原文件所缺少的新增加文件。

③ "仅刷新已经存在的文件":只有比当前文件新的时候才解压缩。

图 6-5　WinRAR
压缩图标

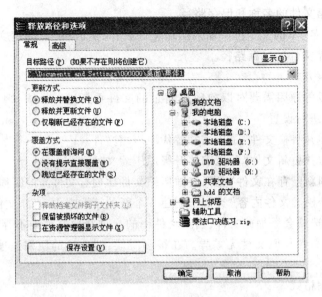

图 6 - 6　WinRAR 解压缩界面

（2）覆盖方式

如果有与解压缩后的文件同名同路径的文件存在,则需要设置"覆盖方式"。

① "在覆盖前询问":在覆盖前弹出对话框,由用户选择是否覆盖已存在的文件。

② "没有提示直接覆盖":不提示而直接覆盖已存在的文件。

③ "跳过已经存在的文件":遇到已存在的文件则不再进行解压缩操作。

4. WinRAR 加密文件

在 WinRAR 中还能设置压缩文件的密码。设置了密码的压缩文件,在解压缩时需要输入密码,才能对文件进行解压缩操作。

在 WinRAR 对话框中,选择"高级"选项卡,单击其中的"设置密码"按钮,弹出"带密码压缩"对话框,输入设置的密码并确认后,即可对压缩文件进行密码设置,如图 6 - 7 所示。

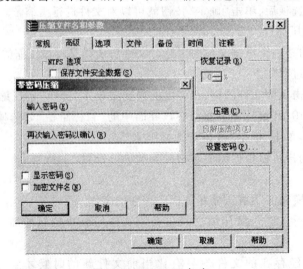

图 6 - 7　WinRAR 加密

【操作要求】

① 在前面已建立的自己的文件夹内,新建 Word、Excel、PowerPoint、纯文本 4 个文件。

② 压缩文件夹,并重新命名为"计算机文件压缩实验"。

③ 解压"计算机文件压缩实验"文件,保存在指定的位置。

④ 创建带有密码的新压缩文件。

6.1.4　课后思考与练习

1. 如何使用 WinRAR 对文件进行压缩和解压缩?

2. 压缩软件还有哪些? 对比几种压缩软件,并说出它们之间的区别。

6.2　数字图像处理软件 ACDSee 的使用

6.2.1　实验目的

1. 了解图像格式转换的方法。

2. 掌握获取图像的方法。

3. 掌握批量图像文件重命名的方法。

4. 掌握建立文件清单的方法。

5. 掌握声音预听的方法。

6. 掌握影片预览的方法。

7. 掌握图像简单处理的方法。

6.2.2　实验环境

1. 微型计算机

2. Windows XP 操作系统

3. ACDSee 5.0 简体中文版

6.2.3　实验内容与步骤

1. 图像格式转换

ACDSee 可进行 JPG、BMP、GIF 等图像格式间的转换,例如,将 BMP 格式转换为 JPG 格式可大大减小图像的大小。在 ACDSee 中进行图像格式转换的方法是,用鼠标右键单击需要进行格式转换的图像文件,在弹出的快捷菜单中选择转换命令即可。如果要批量转换文件格式,则只要按住 Ctrl 键单击要进行格式转换的若干图像文件,再单击鼠标右键打开快捷菜单进行相应的操作即可。

2. 获取图像

(1) 截取屏幕图像

单击 ACDSee 菜单栏上的"工具"→"动作"→"获取"命令,选择"屏幕"并单击"确定"按钮,然后按需要选择即可。

（2）从扫描仪中获取图像

单击 ACDSee 工具栏上的"获得"→"扫描仪"→"设置"命令进行扫描前的设置，包括自动保存的命名规则，保存格式（BMP、JPG），保存位置等，然后调出扫描仪操作对话框对图像进行扫描。关于图像保存格式，一般是 JPG 格式，但若是用 OCR 进行文字识别的话，则必须将文件保存为 TIFF 或 BMP 格式。

3. 批量图像文件重命名

要对批量图像文件进行重命名操作，可在按住 Ctrl 键的同时单击选择需要重命名的文件，然后单击鼠标右键，在弹出的快捷菜单中选择"批量重命名"即可。

4. 建立文件清单

在 ACDSee 的目录树中找到需要制作文件清单的目录，然后从菜单栏的"工具"中选择"生成文件列表"命令，会产生一个文本文件，文件名为"Folder - Contents"，存放于临时目录"temp"下，该文件记录了目录中的文件夹和文件信息。

5. 声音的预听

选择一个声音文件，在 ACDSee 窗口预览区中便会出现音频播放进度条和控制按钮，支持 MP3、MID、WAV 等常用格式的播放。

6. 影片的预览

ACDSee 能够在媒体窗口中播放视频文件，并且可适当地提取视频帧并将它们保存为独立的图像文件。在文件列表中，双击一个多媒体文件可以打开媒体窗口，播放视频文件、提取视频帧都很简单。

7. 图像的简单处理

如果完全安装了 ACDSee 5.0 PowerPack，则系统会默认安装图像编辑工具 ACD Foto-Canvas v2.0，通过使用软件中的一些工具，能够方便地进行图像处理。具体操作方法是：在需要处理的图像上单击鼠标右键，在弹出的快捷菜单中选择"编辑"命令，打开编辑器并载入需要编辑的图像。

① 裁剪。裁剪是最常用的编辑功能，通过此工具可以对扫描图像进行裁剪。

② 调整大小。在 ACDSee 中调整图像大小的操作非常简单，只要单击工具栏上的相关按钮，在弹出的对话框中输入百分比或重新指定图像的大小即可。需要说明的是，一般情况下不要改变外观比率，否则会失真。

③ 旋转。从数码相机中拍摄的素材或从扫描仪获得的图片会出现角度不合适的情况，此时就需要将图像进行旋转，单击工具栏上的旋转图标，即可对图像进行旋转操作。

④ 翻转。可对图片进行翻转操作。例如，在制作平面镜成像的课件中，若需要对称的两个物体，便可通过此工具来制作。

⑤ 调节曝光。图片的亮暗不能满足要求或为了某种效果，往往需要改变图片的曝光量，在 ACDSee 中可以通过调节曝光工具对图片的曝光量进行处理。

【操作要求】

利用 ACDSee 对如图 6 - 8 所示的图片进行处理，将其制作成有素描效果的图片。

① 在 ACDSee 中打开图片，如图 6 - 9 所示。

图 6-8   高清晰度图片   　　　　　图 6-9   在 ACDSee 中打开图片

② 单击 ACDSee 菜单栏中的"工具"→"在编辑器中打开"命令,如图 6-10 所示。打开 ACDSee 5.0 自带的编辑器 ACD FotoCanvas v2.0,如图 6-11 所示。

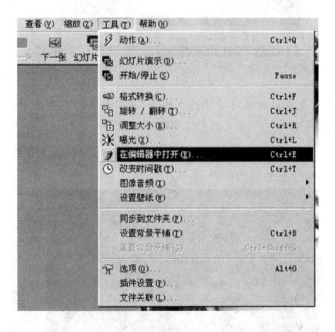

图 6-10   编辑器中打开图像

图 6-11　在 ACD FotoCanvas v2.0 中打开图像

③ 单击菜单栏上的"滤镜"→"边缘检测"→"边缘检测"命令,如图 6-12 所示。

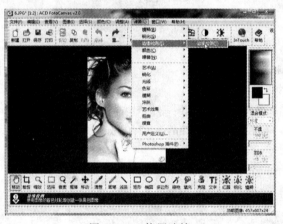

图 6-12　使用滤镜

边缘检测的作用是找出图像内物体的主线条,并用相反的颜色显示,同时将主线条中间的填充颜色变暗,以得到类似于在天鹅绒上作画的效果,如图 6-13 所示。

图 6-13　滤镜使用后的效果

④ 单击"滤镜"→"颜色"→"底片"命令,如图 6 – 14 所示,图像效果如图 6 – 15 所示。

图 6 – 14　滤镜下的底片

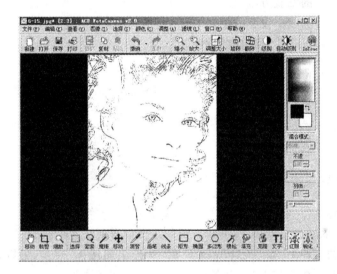

图 6 – 15　初始素描效果

⑤ 如果需要处理的图像有杂点,影响素描的整体效果,则可单击"滤镜"→"噪音"→"去斑"命令,如图 6 – 16 所示。经过 1～3 次的去斑过程,就可以基本清除图像中的杂点。最终的素描效果如图 6 – 17 所示。

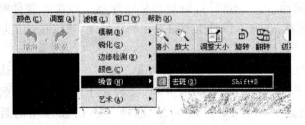

图 6 – 16　滤镜下的去斑　　　　　　　　　　图 6 – 17　最终素描效果

6.2.4　课后思考与练习

1. 尝试 ACDSee 中图片浮雕效果的设置。
2. 尝试 ACDSee 中其他图像处理效果的设置。

6.3　邮件客户端软件 Foxmail 的使用

6.3.1　实验目的

1. 掌握 Foxmail 的安装方法。
2. 掌握 Foxmail 的账户设置方法。
3. 掌握使用 Foxmail 收发邮件的方法。

6.3.2　实验环境

1. 微型计算机
2. Windows XP 操作系统
3. Foxmail 6.5 简体中文版

6.3.3　实验内容与步骤

1. 安装 Foxmail

运行 Foxmail 安装程序安装 Foxmail。安装过程中需要注意的是,在"选择目标文件夹"一步选择一个新的文件夹,如"D:\foxmail";在"选择附加任务"一步,可以指定在桌面、"开始"菜单、快捷工具栏中添加 Foxmail 的图标。

2. Foxmail 账户设置

在 Foxmail 安装完毕后,第一次运行时,系统会自动启动向导程序,引导用户添加第一个邮件账户。向导程序弹出的第一个窗口显示提示信息,单击"下一步"按钮进入"建立新的用户账户"对话框,如图 6-18 所示。

在"账户显示名称"输入栏中可输入用户姓名或代号信息,用于区别使用同一台计算机上的 Foxmail 收发邮件的不同用户。但是如果一个用户有多个邮箱,并且准备建立多个账户管理多个邮箱,则可在"账户显示名称"栏中输入与对应邮箱相关的信息,例如,把为 126 邮箱建立的账户命名为"liuq1016@126.com(1)"。

在"密码"输入栏中输入邮箱的密码,可以不填写,但是如果这样则在每次收邮件时都要输入密码,如果使用了 ESMTP 的邮箱,在发邮件时也要输入密码。因此,建议在这里填写密码。

对话框中的"邮箱路径"一栏则用来设置账户邮件的存储路径。一般选择默认路径,这样该账户的邮件就会存储在 Foxmail 所在目录的"mail"文件夹下以用户名命名的文件夹中。如果要将邮件存储在特定的位置,则可以单击"选择"按钮,在弹出的目录树窗口中选择某个目录。接着单击"下一步"按钮,打开"指定邮件服务器"对话框,如图 6-19 所示。在此对话框上,需要填写"接收邮件服务器"、"邮件账户"及"发送邮

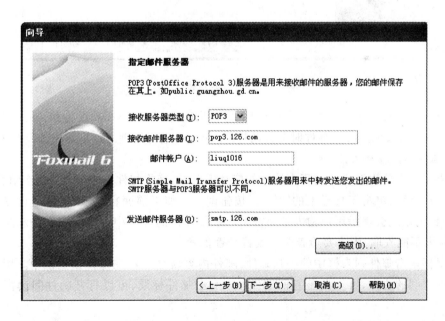

图 6 – 18 Foxmail 账户设置

图 6 – 19 "指定邮件服务器"对话框

件服务器"等项目。对于一些免费邮箱,如 163、新浪等,Foxmail 会自动填写接收邮件服务器(POP3)和发送邮件服务器(SMTP)地址。需要注意的是,如果服务器地址填写得不正确,就不能正常收发邮件。

POP3 和 SMTP 服务器一般有以下几种形式。

① smtp. xxxx. xxx　　pop. xxxx. xxx

② xxx. xxx. xxx

③ smtp. xxx. xxx　　pop3. xxx. xxx

POP3 账户名就是用户的邮箱名称,即 E－mail 地址中"@"号前面的字符串。

单击"下一步"按钮,屏幕将显示"账户建立完成"对话框,如图 6－20 所示。单击"完成"按钮,即可完成账户的建立。

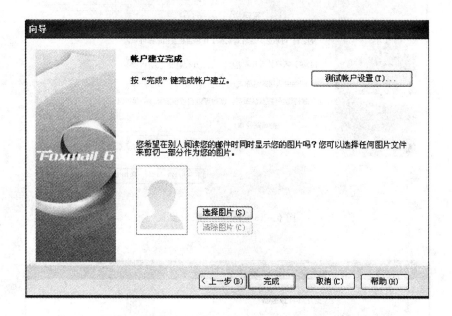

图 6－20　邮件账户建立完成

在第一次运行 Foxmail 时,会弹出信息窗口,询问是否把 Foxmail 设为默认邮件程序,如果选择"是",则系统在收发邮件时会自动打开 Foxmail 进行处理。这里建议选择"是"。

3. 邮件的接收和阅读

如果用户在建立账户的过程中填写的信息无误,则接收邮件是非常简单的事情,只要选中某个账户,然后单击工具栏上的"收取"按钮即可。如果前面在 Foxmail 账户设置时没有填写密码,则系统会提示用户输入邮箱密码。接收邮件的过程中会显示进度条和邮件信息提示。如果不能收取,则需要检查账户设置是否正确。

用鼠标单击邮件列表框中的一封邮件,邮件内容就会显示在邮件预览框中。用鼠标拖动两个框之间的边界,可以调整它们的大小。双击邮件标题,可以打开邮件阅读窗口显示邮件。

4. 撰写邮件和发送

单击工具栏上的"撰写"按钮,打开邮件编辑器,如图 6－21 所示。

在"收件人"一栏填写收信人的 E－mail 地址。"主题"相当于一篇文章的题目,可以让收信人大致了解邮件可能的内容,也可以方便收信人管理邮件,但不一定要填写。

写好信后,单击工具栏上的"发送"按钮,即可发送邮件。

图 6-21　邮件编辑器

6.3.4　课后思考与练习

对比 Foxmail 和 Outlook，并说出两者之间的区别。

6.4　下载软件的使用

6.4.1　实验目的

1. 了解下载软件中的任务分类。
2. 掌握更改下载文件的默认存放目录的方法。
3. 掌握下载任务的恢复方法。
4. 掌握代理服务器的设置方法。
5. FTP 探测器的使用方法。

6.4.2　实验环境

1. 微型计算机
2. Windows XP 操作系统
3. 迅雷 5 简体中文版

6.4.3　实验内容与步骤

在日常的学习、工作中，经常会使用下载软件下载所需要的文件。这里以迅雷下载软件为例进行如下实验。

1. 任务分类

启动迅雷程序，打开迅雷，其界面如图 6-22 所示。迅雷主界面的左侧部分就是任务管理窗口，该窗口中包含一个目录树，有"正在下载"、"已下载"和"垃圾箱"三个分类。单击其中一个分类就会看到这个分类里的任务。

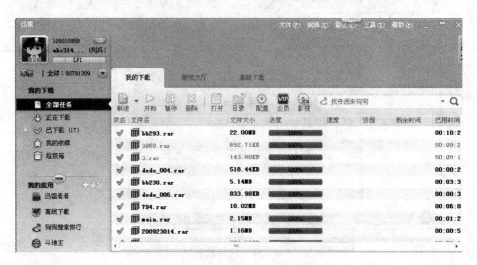

图 6 - 22　迅雷界面

每个分类的作用如下。

① 正在下载:没有完成下载或者下载错误的任务都在这个分类中。当开始下载一个文件时可单击"正在下载"查看该文件的下载状态。

② 已下载:下载完成后任务会自动移至"已下载"分类。

③ 垃圾箱:用户在"正在下载"和"已下载"中删除的任务都存放在迅雷的"垃圾箱"中。为防止用户误删文件,在"垃圾箱"中删除任务时,系统会提示是否把保存于硬盘上的文件一起删除。

2. 分类保存下载文件

在"已下载"分类中迅雷自动创建了"软件"、"游戏"、"驱动程序"、"mp3"和"电影"5个子分类,充分利用这些分类可以帮助用户更好地使用迅雷。

(1) 把不同类别的文件自动保存在指定的目录中

下载完成后,迅雷可以把不同类别的文件自动保存在指定的目录中。需要注意的是,迅雷安装完成后,会自动建立一个默认目录。如果用户希望修改文件的存放目录,则可用鼠标右键单击任务分类中的"已下载",在弹出的快菜单中选择"属性",打开"属性"对话框。使用其中的"浏览"更改目录。然后单击"确定"按钮,就可以看到默认保存目录发生了变化。

【操作要求】

下载一首 mp3 格式的音乐文件,并保存在 D 盘的"音乐"文件夹下。

① 设置下载文件的保存目录

用鼠标右键单击迅雷"已下载"分类中的"mp3"分类,在弹出的快捷菜单中选择"属性",打开"属性"对话框,将目录更改为"D:\音乐"。单击"配置"按钮,在"默认配置"的分类中选择"mp3",就会看到对应的目录已经变成了"D:\音乐"。

② 下载音乐文件

用鼠标右键单击音乐文件的下载地址,在弹出的快捷菜单中选择"使用迅雷下载",同时,在新建任务面板中把文件类别选择为"mp3",单击"确定"按钮开始下载。

下载完成后,文件就会被保存在"D:\音乐"目录下,而下载任务则存放在"mp3"分类中。

以后再下载音乐文件时,如果新建任务时指定文件分类为"mp3",那么这些文件就都会被保存到"D:\音乐"目录下。

（2）创建新分类

如果在迅雷的 5 个默认子分类中没有所需要的分类,则可以创建一个新分类。具体方法是,用鼠标右键单击"已下载"分类,在弹出的快捷菜单中选择"新建类别",为新分类设置名称和保存目录。

【操作要求】

在迅雷中创建新的子分类"学习资料",下载一些学习资料,并放在"D:\学习资料"目录下。

①创建新分类"学习资料"

用鼠标右键单击"已下载"分类,在弹出的快捷菜单中选择"新建类别",将新分类命名为"学习资料",并将该类下载文件的保存目录设置为"D:\学习资料"。这时就可以看到"学习资料"这个新分类了。

② 下载相关文件

用鼠标右键单击相关文件的下载地址,在弹出的快捷菜单中选择"使用迅雷下载",同时,在新建任务面板中把文件类别选择为"学习资料",单击"确定"按钮开始下载。下载完成后,文件就会被保存在"D:\学习资料"目录下,而下载任务则存放在"学习资料"分类中。

（3）分类的删除

如果不想使用迅雷已经建立的某些分类,则可以删除。具体操作方法是,选择需要删除的分类,用鼠标右键单击这个分类,在弹出的快捷菜单中选择"删除",迅雷会提示是否真的删除该分类,如果要删除,则单击"确定"按钮就可以了。

3. 下载任务的恢复

在迅雷中,有一些任务需要恢复。要恢复这些下载任务,即重新下载相关文件,可以通过以下方法:

①用鼠标右键单击需要重新下载的任务,在弹出的对话框中选择"重新下载",即重新下载文件。

②用鼠标将需要重新下载的任务从"已下载"分类拖动到"正在下载"分类中,迅雷会提示是否重新下载该文件,确认后即可重新下载。

③对于已经被删除到迅雷"垃圾箱"中的任务,如果需要恢复,那么就将该任务从"垃圾箱"拖动到"正在下载"分类,若该任务已经下载过一部分,则会继续下载;若是已经完成的任务,则会重新下载。

4. FTP 资源探测器

单击迅雷窗口菜单栏上的"工具"→"资源探测器"命令,即可打开"FTP 资源探测器"窗口,如图 6-23 所示。在"地址"栏中输入 FTP 服务器的地址。例如,服务器地址为 ftp1. myouki. net,端口号是 10021,则需要在地址里填写:

FTP:// ftp1. myouki. net:10021

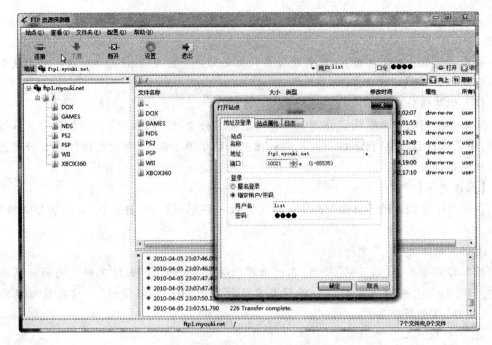

图 6 - 23　FTP 资源探测器界面

　　如果服务器有指定的用户名和密码,则需要输入相应的用户名和密码才能登录服务器。当然,也有一些服务器没有设置用户名和密码,因此可以直接登录。登录服务器后,FTP 资源探测器左窗口中显示服务器的总目录;右窗口上边是某一目录下的具体文件,下边是连接服务器时的运行信息。双击所需要的文件就可以自动将其加载到迅雷的下载任务中,如图 6 - 24 所示。

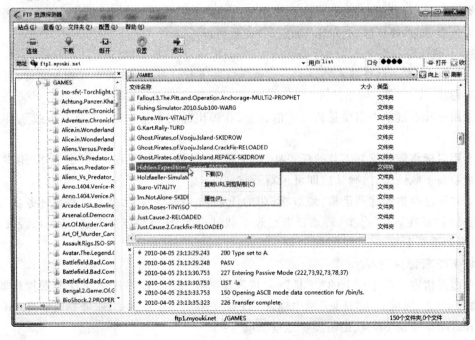

图 6 - 24　用 FTP 资源探测器下载文件

6.4.4　课后思考与练习

了解其他下载工具,并比较它们与迅雷的相同和不同之处。

6.5　阅读器软件的使用

6.5.1　实验目的

1. 了解阅读器软件的主要界面和功能。
2. 掌握阅读器软件的使用方法。

6.5.2　实验环境

1. 微型计算机
2. Windows XP 操作系统
3. 超星阅览器简体中文版

6.5.3　实验内容与步骤

1. 了解阅读器软件的主要界面和功能

这里以超星阅览器(SSReader)为例,介绍阅读器软件的主要界面和功能。超星阅览器是一种网上数字化图书馆的图书阅览器,通过该软件可以阅读到国家图书馆庞大书库中的图书。超星阅览器除阅读图书外,还可用于扫描资料、采集整理网络资源等。超星阅览器软件主界面如图 6 – 25 所示。

(1) 主菜单

主菜单包括超星阅览器所有的功能命令,其中,"注册"菜单用于登录超星注册中心注册个人用户,"设置"菜单用于设置超星阅览器相关的功能选项。

(2) 功能选项卡

包括"资源"、"历史"、"采集"等,其中:

① "资源":包括本地图书馆资源列表,主要用于存放下载图书、管理本地硬盘文件、整理从远程站点复制的列表,以及建立个性化的专题图书馆。

② "历史":用于显示用户通过超星阅览器访问资源的历史记录。

③ "采集":用于编辑制作超星 PDG 格式的电子书(Ebook)。

(3) 快捷功能按钮

① 采集图标:用户可以将文字、图片等内容拖动到采集图标,以方便资源的收集。

② 翻页工具:在阅读书籍时,通过其可以实现快速翻页。

③ 窗口,主要有资源列表窗口、网页窗口、采集窗口和下载监视窗口。其中,资源列表窗口,即书籍阅读窗口,用于阅读超星 PDG 及其他格式的图书;网页窗口用于浏览网页;采集窗口用于制作超星 Ebook 窗口;下载监视窗口用于下载书籍窗口。

(4) 超星阅览器的工具

使用超星阅览器可以打开网站中的电子图书,也可以打开本地保存的 PDG 和 PDF 格式

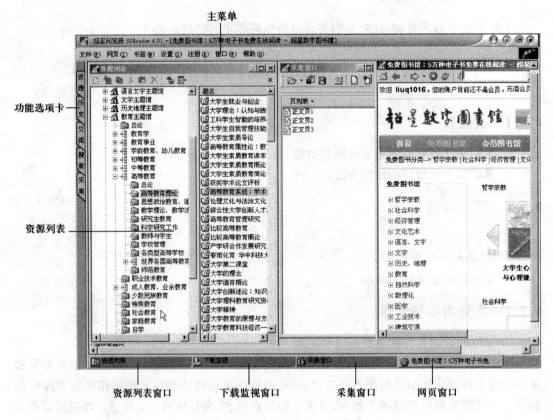

图 6-25 超星阅览器软件主界面

的图书。对于网站中的电子图书,默认情况下只要单击页面上图书书名的超链接就可以打
开阅读图书;对于本地保存的图书,可以通过在 Windows"资源管理器"中双击其 PDG 文件
来打开,也可以通过超星阅览器资源列表窗口中的本地图书馆来打开。在超星阅览器中有
一些辅助工具可以辅助用户阅读。

① 翻页工具

[⇐]   快速回到目录页

[⇒]   快速到达指定页

⬆   上一页

⬇   下一页

▼正文页   快速到达指定类型的页

◀ 21 ▶   快速到达指定页码,输入页号,然后按 Enter 键即可

② 缩放工具

⬌   整宽显示图书

整高显示图书

126% 按指定比率显示图书

③ 其他工具

显示或者隐藏章节目录

文字选择按钮（文本格式图书适用）

文字识别按钮

区域选择按钮

图书标注按钮（图像格式图书适用）

添加书签按钮

需要说明的是，在阅读文本图书的过程中，单击鼠标右键，可以帮助用户快速查找到所需要的内容。

（5）图书下载

在已经打开的书籍阅读页面上单击鼠标右键，在弹出的快捷菜单中选择"下载"，打开下载选项界面，如图 6 - 26 所示。如果没有在超星阅览器中进行用户注册而登录，则为匿名用户，匿名用户下载的图书可以在本地机阅读。如果需要把下载的图书复制到其他计算机上阅读，则需要在超星阅览器中进行用户注册后登录。

在超星阅览器的"选项"选项卡中，可以对图书下载的属性进行设置，如图 6 - 27 所示。例如，可以设置图书的书名、指定图书下载的方式，也可以对使用代理进行设置等。

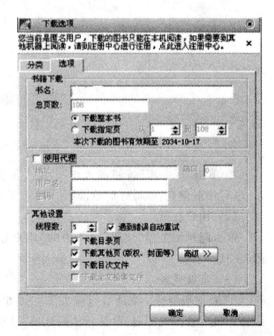

图 6 - 26　超星的下载界面　　　　　　　　图 6 - 27　书籍下载设置

　　阅览器安装完成后,下载图书默认的保存路径是阅览器安装目录中的 local 目录,如果要更改图书的默认存放位置,可在阅览器的"设置"菜单中,选择"选项"→"下载监视"命令,在打开的对话框中设置下载图书的保存路径。

　　2. 超星阅览器的注册

　　(1) 新用户注册

　　以前没有注册过的用户需要进行新用户注册。具体的注册方法如下。

图 6 – 28　超星新用户注册

　　① 在超星阅览器的"注册"菜单(图 6 – 28)中,选择"新用户注册",打开"新用户注册"对话框,如图 6 – 29 所示。在对话框中输入要注册的用户名,并通过检测用户名来查看所要注册的用户名是否可以注册。

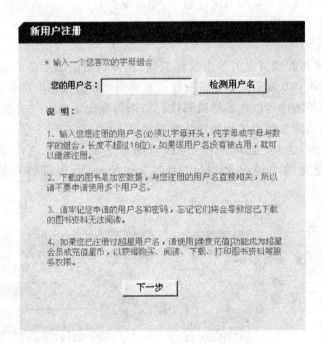

图 6 – 29　"新用户注册"对话框

　　② 单击"下一步"按钮进入填写用户信息页面,如图 6 – 30 所示。按照注册页面的提示,填写注册信息,填写好后单击"注册"按钮完成注册。

　　(2) 用户登录

　　单击超星阅览器"注册"菜单中的"用户登录",打开注册中心的"用户登录"对话框,如图6 – 31所示。

　　(3) 离线登录

　　① 获取机器码。离线登录流程图如图 6 – 32 所示。离线登录首先要在需要离线登录的计算机上获得机器码,单击超星阅览器"注册"菜单中的"用户信息",即可获得机器码,如图 6 – 33 所示。

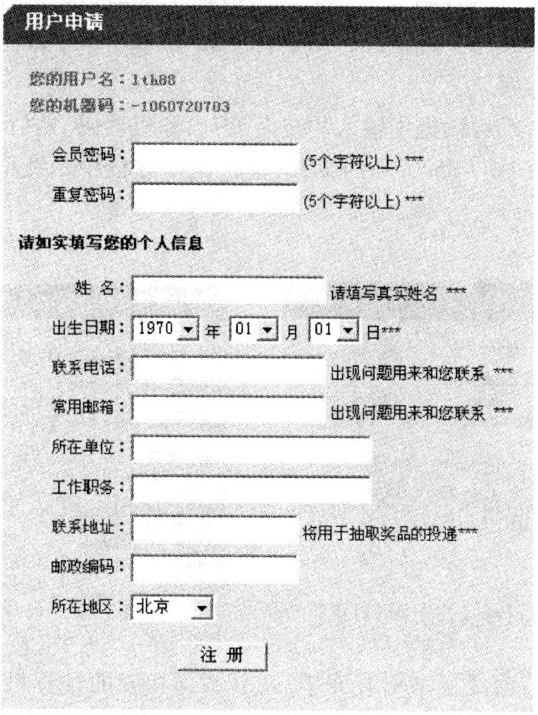

用户申请
您的用户名：1th88
您的机器码：-1060720703
会员密码：
(5个字符以上) ***
重复密码：
(5个字符以上) ***
请如实填写您的个人信息
姓 名：
请填写真实姓名 ***
出生日期：
1970
年
01
月
01
日***
联系电话：
出现问题用来和您联系 ***
常用邮箱：
出现问题用来和您联系 ***
所在单位：
工作职务：
联系地址：
将用于抽取奖品的投递***
邮政编码：
所在地区：
北京
注 册

图 6-30　用户信息填写

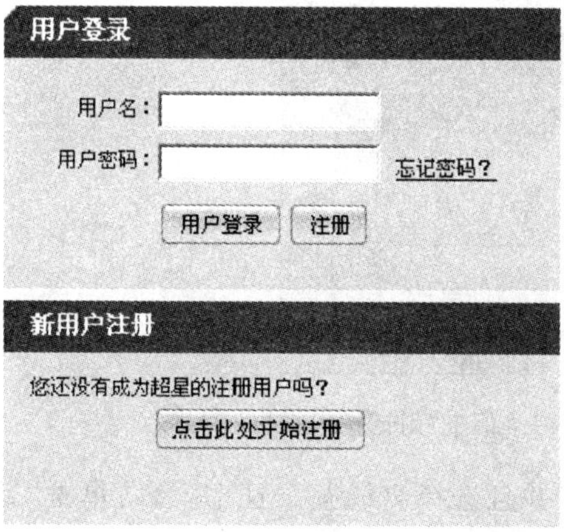

用户登录
用户名：
用户密码：
忘记密码？
用户登录
注册
新用户注册
您还没有成为超星的注册用户吗？
点击此处开始注册

图 6-31　“用户登录”对话框

获取机器码
访问离线登录网站，
获取离线登录证书
下载离线证书
导入离线证书
完成

图 6-32　离线登录流程图

用户信息
用户名：
未注册用户
机器码：
-1060720703
状　态：
未注册用户
登录
会员管理(M)
关闭(C)

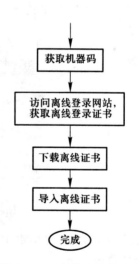

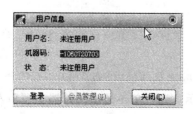

图 6-33　获取离线登录机器码

②获取离线登录证书。在另外一台联网计算机上去申请离线注册证书。打开超星阅览器，在地址栏中输入 http://passport. ssreader. com/lixian. asp，会打开如图 6 – 34 所示的"申请离线注册码"对话框。

在"申请离线注册码"对话框中输入用户名、密码和机器码，然后单击"用户登录"按钮，如获取成功，则显示如图 6 – 35 所示的页面，单击图中方框中示意的超链接即可下载离线证书。

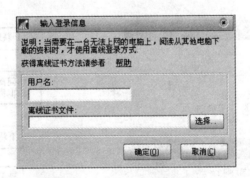

图 6 – 34　"申请离线注册码"对话框　　　　　图 6 – 35　离线注册成功

③导入离线证书。离线证书下载完毕后，复制到相应的计算机上，通过选择超星阅览器"注册"菜单中的"离线登录"命令，打开"输入登录信息"对话框，如图 6 – 36 所示。在此对话框中，可以导入证书完成离线登录功能。

图 6 – 36　"输入登录信息"对话框

在"输入登录信息"对话框中输入用户名并且选择离线登录证书文件，单击"确定"按钮，即可完成离线登录。

3. 超星阅览器的其他功能

（1）采集

可以通过超星阅览器的采集窗口来编辑制作超星 PDG 格式的电子书。采集窗口界面如图 6 – 37 所示。

①打开采集窗口。在超星阅览器的"文件"菜单中，选择"新建"→"Ebook"命令，可以打开采集窗口如图 6 – 37 所示。通过单击超星阅览器主窗口左侧的"采集"选项卡，也可打开采集窗口。

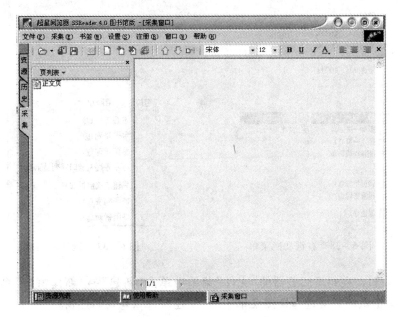

图 6 – 37　超星阅览器的采集窗口

② 资源的采集。资源采集可通过如下几种方式。

a. 通过浮动的超星阅览器采集图标 进行采集。把所需要的文件,如 Web 文件(html、htm),Word 文件(doc),纯文本文件(txt),图片(jpg、gif、bmp)拖入到浮动的图标中,拖入的文件会插入到采集窗口的当前页中。

b. 通过快捷菜单进行采集。在阅读图书时,可以通过单击鼠标右键所弹出的快捷菜单中的导入命令将所需要的内容导入到采集窗口中;如果需要采集 IE 浏览器中的内容,则可以通过用鼠标右键单击所需要的内容,在打开的快捷菜单中选择"导入当前页到超星阅览器"或"导入选中部分到超星阅览器",即可将有关内容导入到采集窗口中。

也可以通过采集窗口提供的插入文件或插入图片等功能来进行资料的采集与整理。

③ 编辑。在采集窗口可以对内容进行编辑,其编辑功能包括文件的复制、粘贴、删除以及页面的增加、插入、删除等。此外,在采集窗口中单击鼠标右键,打开快捷菜单,如图6 – 38所示。通过快捷菜单也可以对内容进行编辑。除了页面设置、格式设置外,还有如下功能:

发表:将当前页上传到超星阅览器的讨论论坛中。

插入:用于插入文件,例如 Web 文件(html、htm),Word 文件(doc),纯文本文件(txt),或者图片(jpg、gif、bmp)。

预览:有两种状态,分别为编辑状态和预览状态。

还可对图书的章节目录进行编辑,如新建节点、新建子节点、删除节点等。

(2) 多窗口

用户在超星阅览器中可以打开多个网页窗口及书籍阅读窗口,即多窗口,这时可通过"窗口"菜单对多个窗口进行设置,如图 6 – 39 所示。

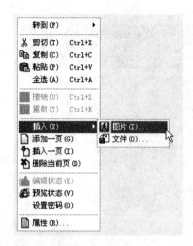

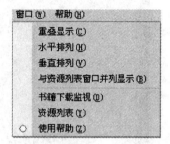

图6-38 右键功能菜单　　　　　图6-39 "窗口"菜单

① 新建窗口。在超星阅览器的"文件"菜单中单击"新建"→"新建窗口"命令；或者在窗口标签上单击鼠标右键选择快捷菜单中的"新建窗口"，均可新建窗口。

② 在新窗口中打开。在资源记录、网页链接或书籍阅读等内容的页面上，单击鼠标右键，在弹出的快捷菜单中选择"在新窗口中打开"，即可打开新窗口。

③ 关闭当前窗口或关闭所有窗口。直接单击窗口关闭按钮，或者在"文件"菜单中单击"关闭当前窗口"或"关闭所有窗口"命令，或者在窗口上单击鼠标右键，在弹出的快捷菜单上选择"关闭当前窗口"或"关闭所有窗口"，均可关闭窗口。

（3）显示历史记录

通过超星阅览器的"历史"选项卡，用户可以快速查看最近访问的资源。

① 历史记录的显示方式。可以按周显示、按天显示、按资源显示历史记录。

a. 按周显示：本周内访问的资源会按照星期一至星期日显示，上周访问的资源会记录在"上周"中，上周前访问的所有资源会记录在"上周前"中。

b. 按天显示：所有访问的资源都会以天为单位显示。

c. 按资源显示：所有访问的资源分为图书和网站两大类显示。排序时，可以按图书或网站的名称排序，可以按最近访问的时间排序，也可以按访问的次数排序。

② 历史记录的内容。内容包括以下几种。

a. 图书：历史记录中，仅记录上次访问的图书的最后一页。从历史记录中单击书名即可连接到图书上次最后阅读的页面。

b. 网站：单击历史记录中已访问的网站域名，可以看到此域名下访问过的所有网页。

c. 本地硬盘文件：通过超星阅览器访问的本地硬盘文件会记录在历史中。

③ 删除历史记录。删除历史记录只能在"按周显示"和"按天显示"方式中使用。具体方法是，在书名、网站名和本地硬盘文件上单击鼠标右键，在弹出的快捷菜单中选择"删除"命令即可删除历史记录。

④ 设置。在超星阅览器的"设置"菜单中，可以设置历史记录的保存时间，也可以清空所有历史记录。

（4）标注

在阅读图书的过程中,有时需要对重点标示的内容做标记。在超星阅览器中可以使用标注工具进行标记。

① 启动标注工具栏。阅读图书时,单击工具栏中的"标注"会弹出如图 6 - 40 所示的"标注"工具栏。在阅读内容上单击鼠标右键,在弹出的快捷菜单中选择标注工具,也可打开"标注"工具栏。

② 使用标注工具。标注工具主要有批注、铅笔、直线、圈、高亮和链接。

a. 批注。在阅读图书时,单击"标注"工具栏中的批注工具,然后在页面中按住鼠标左键任意拖出一个矩形(在想要做批注的地方),在弹出的面板中填写批注内容,单击"OK"按钮即可。如图 6 - 41 所示。

图 6 - 40　"标注"
工具栏

图 6 - 41　批注

用鼠标右键单击标注图标 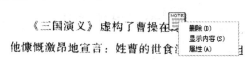,可打开快捷菜单,如图 6 - 42 所示。选择相关选项可以对标注进行编辑。

《三国演义》虚构了曹操在～

他慷慨激昂地宣言：姓曹的世食汉～

图 6 - 42　编辑批注

b. 铅笔、直线、圈和高亮。在阅读书籍时,单击工具栏中的相应工具,按住鼠标左键画直线、圆和高亮显示。

c. 超链接。在阅读书籍时,单击工具栏中的超链接工具,使用鼠标左键在书籍阅读页面画框,在弹出的窗口中填写链接地址。

③ 高级选项。单击"标注"工具栏中的"高级",打开高级选项菜单,如图 6 - 43 所示。

a. 本书的标注列表:打开标注列表窗口,如图 6 - 44 所示。同一本书每一页的标注信息都会显示在页面列表中,用鼠标单击列表中的一项,然后单击"确定"按钮,即可转到相应的页面。

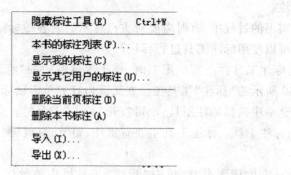

图 6 - 43　高级选项菜单

b. 导入/导出："导入"可以导入已保存的标注，"导出"可以导出标注以便保存。

c. 显示我的标注：快速切换到当前用户的标注状态。

d. 显示其他用户的标注：显示这本书的用户列表，查看其他用户对这本书所做的标注。

e. 删除当前页标注：删除当前页所做的所有标注。

f. 删除本书标注：删除本书中所做的所有标注。

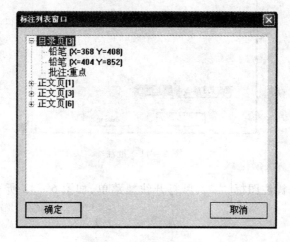

图 6 - 44　标注列表窗口

6.5.4　课后思考与练习

学习使用超星阅览器，并在网上查找其他阅读器软件，比较两者的优缺点。

第7章 网络技术基础

7.1 局域网的配置与资源共享

7.1.1 实验目的

1. 通过实例,学习和掌握局域网的配置方法。
2. 学会局域网中资源共享的方法。

7.1.2 实验环境

1. 微型计算机多台
2. Windows XP 操作系统
3. 通过交换机将多台计算机以星型拓扑结构连接起来的局域网

7.1.3 实验内容与步骤

1. 局域网的配置
① 确定自己的计算机在局域网中的物理连接正常。

注意:连接正常的话,网卡后面的指示灯应该是亮的。

② 单击"开始"→"设置"→"控制面板"→"网络连接"命令,在打开的"网络连接"窗口的"本地连接"上单击鼠标右键,在弹出的快捷菜单中选择"属性",打开如图 7-1 所示的"本地连接属性"对话框。可以看到,Windows XP 默认已经安装了"Microsoft 网络客户端"、"Microsoft 网络的文件和打印机共享"和"Internet 协议(TCP/IP)"。

③ 在"常规"选项卡的列表框中选择"Internet 协议(TCP/IP)",单击"属性"按钮,出现如图 7-2 所示的"Internet 协议(TCP/IP)属性"对话框。

④ 选择"使用下面的 IP 地址",这里在"IP 地址"栏中输入"192.168.0.X","子网掩码"为"255.255.255.0",默认网关为"192.168.0.1"。这里的网关"192.168.0.1"是一台提供与校园网或外网连接的代理主机或路由器。

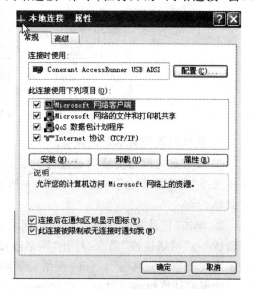

图 7-1 "本地连接属性"对话框

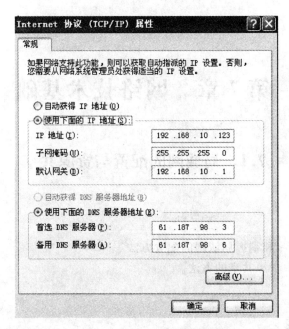

图 7-2　"Internet 协议(TCP/IP)属性"对话框

⑤ "首选 DNS 服务器"这里填入"192.168.0.1",或者填入事先给定的 DNS 地址。

⑥ 单击"确定"按钮,关闭"Internet 协议(TCP/IP)属性"对话框,单击"确定"按钮,关闭"本地连接属性"对话框。

⑦ 配置好后,整个局域网的配置结构如图 7-3 所示。

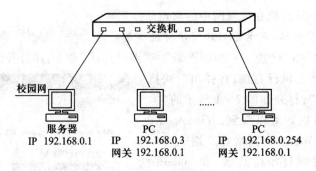

图 7-3　局域网网络配置结构

2. 局域网资源共享前的配置

① 没有运行网络安装向导进行配置前,任选一个目录,单击鼠标右键,在弹出的快捷菜单中选择"共享和安全",打开如图 7-4 所示的"图片属性"对话框,此时还不能直接进行资源共享。

② 单击"图片属性"对话框中的"网络安装向导"链接,或单击"开始"→"设置"→"控制面板"→"网络连接"命令,打开"网络连接"对话框,在其左边的"网络任务"栏中选择"设置家庭或小型办公网络",打开"网络安装向导"对话框,单击"下一步"按钮,由于步骤①中配置的所有计算机均通过网关连接 Internet,因此这里选择"此计算机通过居民区的网关或网络上的其他计算机连接到 Internet",如图 7-5 所示。

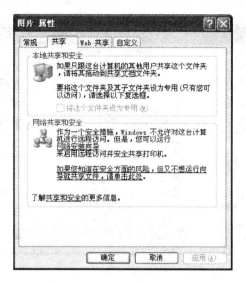

图 7-4 "图片属性"对话框

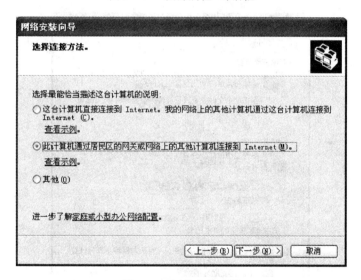

图 7-5 网络安装向导

③ 在接下来的向导设置中,输入计算机名和工作组名,并选择"启用文件和打印机共享",就可以完成网络安装向导了。

④ 在"我的电脑"上单击鼠标右键,在弹出的快捷菜单中选择"管理",打开"计算机管理"窗口。在"计算机管理"窗口中展开"本地用户和组",选择"用户",在右边的列表框中,用鼠标右键单击"Guest",在弹出的快捷菜单中选择"属性",如图 7-6 所示。在弹出的"Guest 属性"对话框中取消对"账户已停用"的选择并确定。

3. 分组进行文件共享实验

Windows XP 的文件共享有两种,即简单文件共享和高级文件共享。默认情况下是打开"简单文件共享"。

① 在自己的计算机上任选一个文件夹,单击鼠标右键,在弹出的快捷菜单中选择"共享和安全",打开简单文件共享属性对话框,如图 7-7 所示。

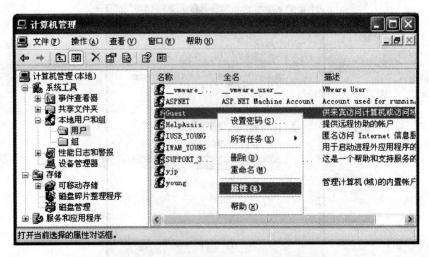

图 7-6 "计算机管理"中的用户设置

图 7-7 简单文件共享

② 设置共享名,或使用默认的与原文件夹名称相同的共享名。如果允许别人更改该目录下的文件,则选中"允许网络用户更改我的文件",单击"确定"按钮。

③ 在同组的另一台计算机上打开"网上邻居",在左边的"网络任务"中单击"查看工作组计算机",然后双击要进行共享的计算机名,即可看到前一步骤中共享的文件夹。双击打开文件夹后,可以对该文件夹下的文件进行文件复制操作;若前一步骤中选中了"允许网络用户更改我的文件",则还可在该文件夹中进行文件或文件夹的新建、删除、更改等操作。

④ 在同组的另一台计算机上打开"我的电脑",在地址栏输入"\\IP 地址\共享名",并按 Enter 键。其中的 IP 地址为自己计算机的 IP,共享名为步骤②中设置的共享名。

　　⑤ 比较步骤③和步骤④的效果。

　　⑥ 在自己的计算机上单击"开始"→"设置"→"控制面板"命令,打开"控制面板"窗口,依次选择其中的"文件夹选项"、"查看"选项卡,取消选择"使用简单文件共享",然后单击"确定"按钮,即可开启高级文件共享。

　　⑦ 任选一个文件夹,单击鼠标右键,在弹出的快捷菜单中选择"共享和安全",打开高级文件共享属性对话框,如图 7 - 8 所示。在该对话框中,可进行用户访问数量限制以及多用户权限的设置,并可针对不同的用户设置不同的权限。

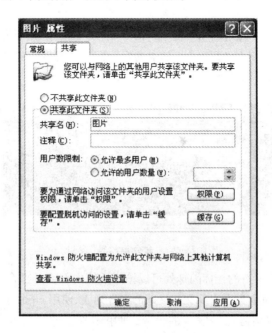

图 7 - 8　高级文件共享

7.1.4　课后思考与练习

　　1. 进行局域网配置时,如果"Internet 协议(TCP/IP)属性"对话框的网关或 DNS 没有配置,对文件共享是否会造成影响?

　　2. 什么是网关和默认网关? 如何配置?

　　3. 尝试使用高级文件共享,针对不同用户设置不同权限。

7.2　常见的网络命令

7.2.1　实验目的

　　1. 掌握 Windows XP 下命令窗口的使用。

　　2. 掌握常用网络命令的使用,了解网络的实际状况。

　　3. 学会网络故障的简单判别方法。

7.2.2　实验环境

1. 微型计算机
2. Windows XP 操作系统
3. 局域网环境

7.2.3　实验内容与步骤

1. 熟悉命令提示符窗口

① 单击任务栏"开始"菜单中的"运行"命令,打开"运行"对话框,输入"cmd",然后单击"确定"按钮,或单击任务栏"开始"菜单中的"程序"→"附件"→"命令提示符"命令,都可以打开如图 7-9 所示的"命令提示符"窗口。

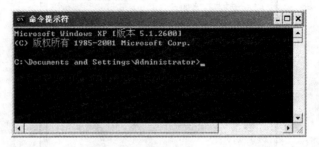

图 7-9　"命令提示符"窗口

② 在"命令提示符"窗口的光标闪烁处可以输入系统内部或外部命令,按 Enter 键表示执行该命令。例如,使用 dir 命令查看当前文件夹下的文件列表,使用 cd 命令进行当前路径的切换。

③ 使用 Esc 键可以清除已经输入的命令,使用键盘上的↑键和↓键,可以调出刚才输入过的命令。

④ 通常可以在命令后面加"/?"参数查看这个命令的说明及使用格式。例如,输入命令"copy/?",可以查看 copy 命令的用法。

2. ipconfig 命令的使用

ipconfig 命令用来显示计算机当前的网络参数配置情况,它可以显示 IP 地址、子网掩码、默认网关、DNS 等参数,如图 7-10 所示。

① 输入"ipconfig",查看网络配置的 IP 地址、子网掩码、默认网关。

② 输入"ipconfig /all",查看本地网卡中的 MAC 地址、DNS 配置等信息。

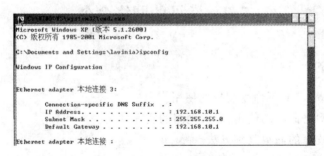

图 7-10　使用 ipconfig 命令

3．ping 命令的使用

ping 是个使用频率极高的测试程序,如果 ping 运行正确,基本上就可以排除网络访问层、网卡、Modem 的输入输出线路、电缆和路由器等方面存在的故障,从而缩小了问题的考虑范围。

① 测试本地回环地址,这里输入"ping 127.0.0.1",效果如图 7 - 11 所示。

```
C:\Documents and Settings\Administrator>ping 127.0.0.1

Pinging 127.0.0.1 with 32 bytes of data:

Reply from 127.0.0.1: bytes=32 time<1ms TTL=128
Reply from 127.0.0.1: bytes=32 time<1ms TTL=128
Reply from 127.0.0.1: bytes=32 time<1ms TTL=128
Reply from 127.0.0.1: bytes=32 time<1ms TTL=128


Ping statistics for 127.0.0.1:
    Packets: Sent =
    4, Received = 4, Lost = 0 (0% loss),
Approximate round trip times in milli-seconds:
    Minimum = 0ms, Maximum = 0ms, Average = 0ms
```

图 7 - 11　使用 ping 测试本地回环地址

② 两人一组,输入"ping <对方的 IP 地址>",测试局域网内两台计算机之间的网络是否正常,将 ping 后面的 IP 改为一个不存在的局域网地址再进行测试,查看命令返回的结果。

③ 输入"ping 默认网关 IP 地址-t",测试与默认网关之间的网络连接是否正常,并比较返回的 TTL 值与步骤② 中的 TTL 值是否一样,按 Ctrl + C 键中断。

④ 输入"ping www.sohu.com",如果一切正常,可以通过域名的 DNS 解析,对解析后的 IP 地址发送数据报,并可得到其应答。

4．tracert 命令的使用

如果有网络连通性问题,则可以使用 tracert 命令来检查数据报到达目标 IP 地址的路径并记录结果。tracert 命令用于显示将数据报从本地计算机传送到目标计算机的一组 IP 路由器,以及每个跃点所需的时间。如果数据报不能传送到目标计算机,则 tracert 命令将显示成功转发数据报的最后一个路由器。

① 两人一组,输入"tracert <对方的 IP 地址>",查看数据报到达对方计算机所经过的路由列表。由于这里的两台机器是处于同一局域网内,没有经过任何路由器,因此可以看到输出结果是直接到对方计算机,效果如图 7 - 12 所示(假定对方的 IP 地址为 172.26.2.5)。

```
C:\Documents and Settings\Administrator>tracert 172.26.2.5

Tracing route to 172.26.2.5 over a maximum of 30 hops

  1    <1 ms    <1 ms    <1 ms  172.26.2.5

Trace complete.
```

图 7 - 12　没经过路由器情况下的 tracert 跟踪情况

② 输入"tracert www. sohu. com",查看数据报到达搜狐网站服务器所经过的路由列表,如图 7－13 所示。

```
C:\Documents and Settings\lavinia>tracert www.sohu.com

Tracing route to frontend-gz.a.sohu.com [121.14.0.99]
over a maximum of 30 hops:

  1     23 ms     15 ms     30 ms   220.170.32.1
  2     15 ms     15 ms     15 ms   61.187.96.161
  3     15 ms     15 ms     15 ms   61.137.2.201
  4     21 ms     31 ms     31 ms   202.97.45.161
  5     30 ms     31 ms     31 ms   113.108.208.118
  6     30 ms     30 ms     31 ms   113.108.209.166
  7     24 ms     31 ms     31 ms   58.63.232.162
  8     30 ms     30 ms     30 ms   58.63.232.186
  9     30 ms     31 ms     30 ms   121.14.0.99

Trace complete.

C:\Documents and Settings\lavinia>
```

图 7－13   经过路由器情况下的 tracert 跟踪情况

5. netstat 命令的使用

netstat 用于显示与 IP、TCP、UDP 和 ICMP 协议相关的统计数据,一般用于检验本机各端口的网络连接情况。

① 使用"netstat － s"将按照各个协议分别显示其统计数据。

② 使用"netstat － e"将显示关于以太网的统计数据,包括传送的数据报的总字节数、错误的数据报数、删除的数据报数、数据报的数量和广播的数量等。这些统计数据既有发送的数据报数量,也有接收的数据报数量。

③ 使用"netstat － a"查看所有有效连接的信息列表,包括已建立的连接(established),也包括监听连接请求(listening)的那些连接。

④ 使用"netstat － a － n － o"或"netstat － ano"查看所有有效连接的信息列表,并以数字形式显示地址和端口号,同时显示与每个连接相关的进程信息,效果如图 7－14 所示。

```
C:\Documents and Settings\Administrator>netstat -ano

Active Connections

  Proto  Local Address          Foreign Address        State          PID
  TCP    0.0.0.0:135            0.0.0.0:0              LISTENING      1144
  TCP    0.0.0.0:445            0.0.0.0:0              LISTENING      4
  TCP    0.0.0.0:1025           0.0.0.0:0              LISTENING      1320
  TCP    127.0.0.1:1027         0.0.0.0:0              LISTENING      3916
  TCP    211.85.220.118:139     0.0.0.0:0              LISTENING      4
  UDP    0.0.0.0:445            *:*                                   4
  UDP    211.85.220.118:137     *:*                                   4
  UDP    211.85.220.118:138     *:*                                   4
```

图 7－14   使用 netstat 命令查看所有连接和监听端口

6. arp 命令的使用

arp 命令用于显示和修改 IP 地址与物理地址之间的转换表。按照系统的默认设置,ARP 高速缓存中的项目是动态的,即当向一个指定 IP 地址发送数据报且高速缓存中不存在当前项目时,ARP 便会自动添加该项目。

① 使用"arp – a"或"arp – g"查看高速缓存中的所有项目,效果如图 7 – 15 所示。

```
C:\Documents and Settings\Administrator>arp -a

Interface: 172.26.2.107  --- 0x2
  Internet Address       Physical Address       Type
  172.26.2.1             00-1a-a9-07-8f-11       dynamic
  172.26.2.2             00-1e-4f-1c-2b-68       dynamic
  172.26.2.5             00-1c-23-d9-36-2f       dynamic
```

图 7 – 15　使用 arp 命令查看 ARP 高速缓存中的所有项目

② 两人一组,使用"ipconfig /all"命令,将得到的本地计算机的 IP 地址和 MAC 地址提供给对方,并使用"arp – s <对方 IP> <对方 MAC 地址>"向 ARP 高速缓存中人工输入一个静态项目,然后再次使用"arp – a"命令查看。

③ 使用"arp – d <对方 IP>"人工删除步骤②中添加的静态项目。

7.2.4　课后思考与练习

1. 同一局域网内部有两台计算机:A 和 B,A 的 IP 设置为 192.168.1.2,子网掩码为 255.255.255.0;B 的 IP 设置为 192.168.1.10,子网掩码为 255.255.255.252。在 A 上 ping B 和在 B 上 ping A,分别查看它们的输出结果,并思考为什么?如果将 A 的 IP 改为 192.168.1.9,然后再进行同样的 ping 测试,再查看输出结果有什么变化。

2. 在局域网中某台计算机上使用"ping <局域网内其他 IP>"命令的前后分别运行 "arp – a",查看其结果有何区别,并思考为什么会出现这样的差别。

7.3　电子邮件的使用

7.3.1　实验目的

1. 学会申请和登录免费电子邮箱。
2. 熟练掌握利用 Web 方式进行邮件收发的方法。

7.3.2　实验环境

1. 微型计算机
2. Windows XP 操作系统
3. 连接到 Internet 的网络
4. Foxmail 6.5 应用软件

7.3.3　实验内容与步骤

1. 申请一个免费邮箱

这里以新浪免费邮箱为例,介绍申请免费邮箱的操作。

① 输入网址 www. sina. com。

② 在如图 7 – 16 所示的界面中,单击"注册免费邮箱"按钮,打开填写注册信息页面,如图 7 – 17 所示。在这个页面中输入一个没有用过的用户名,选择电子邮箱地址的后缀,输入自己的密码和其他必要的信息,例如,密码查询问题和答案、验证码等,选择接受服务条款,单击创建账号,再次输入一个验证码后,系统就会提示注册成功。

2. 利用 Web 方式收发邮件

① 进入网站 www. sina. com。

② 在图 7 – 18 所示的界面中输入刚才注册的账号和密码,单击"登录",进入所申请的邮箱,如图 7 – 19 所示。

图 7 – 16　注册免费邮箱

图 7 – 17　填写注册信息页面

图 7 – 18　登录邮箱

③ 单击左边菜单栏的"写信",然后输入邮件的主题、邮件地址和邮件内容,单击"发送",即实现了邮件的发送。

④ 给自己写一封邮件,然后在"收件夹"里查看收到的邮件。

⑤ 两人一组,互相给对方发送一封邮件,然后查看"收件夹"和"已发送"里内容的变化情况。

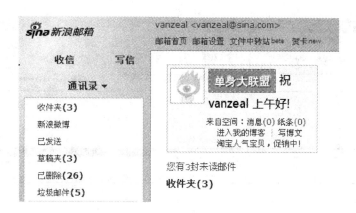

图 7 – 19　登录邮箱后的页面

7.3.4　课后思考与练习

1．如何同时给多人发送同一封电子邮件？
2．尝试在另一个网站上申请一个免费邮箱。
3．下载并安装 Foxmail,尝试使用它进行邮件的收发工作。

7.4　FTP 的使用

7.4.1　实验目的

1．了解 FTP 的概念及功能。
2．了解 FTP 的操作方式。
· 3．了解 CuteFTP 的使用方法。

7.4.2　实验环境

1．微型计算机
2．Windows XP 操作系统
3．连接到 Internet 的网络

7.4.3　实验内容与步骤

FTP(File Transfer Protocol,文件传输协议)是使人们能够在 Internet 上互相传送文件的协议。也就是说,通过 FTP 协议,人们就可以跟 Internet 上的 FTP 服务器进行文件的上传(Upload)或下载(Download)等操作。

FTP 软件包括 CuteFTP, LeapFTP, FlashFTP 等。其中, CuteFTP 是一个非常受欢迎的 FTP 工具,它的界面简洁,并具有支持上、下载断点续传,操作简单方便等特点。下面介绍它的用法。

① 启动 CuteFTP 软件,其界面如图 7 – 20 所示。

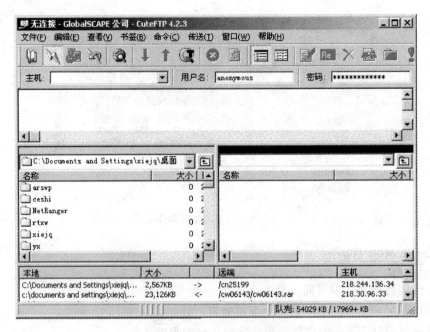

图 7-20   CuteFTP 的界面

　　② 单击菜单栏的"文件"→"站点管理器"命令,打开"站点管理器"对话框,如图 7-21
所示。

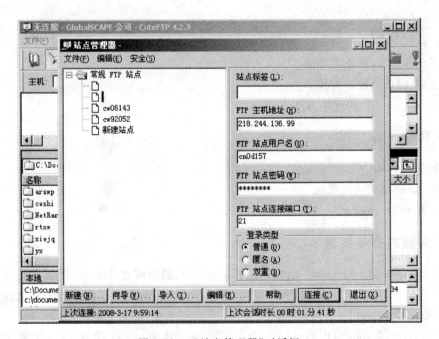

图 7-21   "站点管理器"对话框

　　③ 在"站点管理器"对话框中定义站点,如图 7-22 所示。

　　④ 定义好新站点后,单击"站点管理器"中的"连接"按钮,即可远程连接至虚拟主机目
录,如图 7-23 所示。

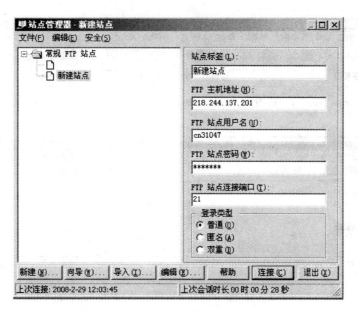

图 7 - 22 站点连接界面

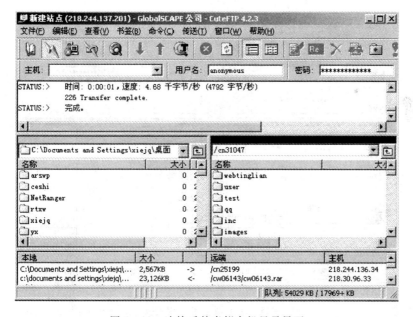

图 7 - 23 连接后的虚拟主机目录界面

⑤ 从本地区域选择要上传的网页或文件,双击或用鼠标将其拖至远程区即可完成上传工作,如图 7 - 24 所示。

⑥ 连接至远程服务器后可利用鼠标右键对虚拟主机的文件和目录进行操作,如删除、重命名、移动、修改属性、建立目录等,如图 7 - 25 所示。

⑦ 经过以上操作就可以将网页等有关文件顺利上传至虚拟主机,然后就可以用 IE 浏览了。

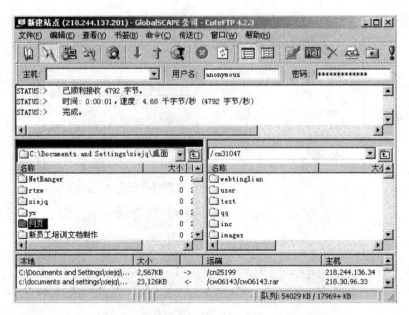

图 7-24 网页上传界面

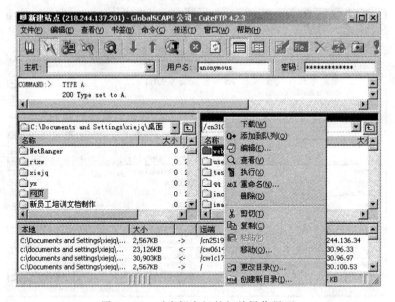

图 7-25 对虚拟主机的相关操作界面

7.4.4 课后思考与练习

1. 什么是 FTP？FTP 有哪些功能？

2. 通过哪些方式可以进行 FTP 操作？常用的 FTP 软件有哪些？

3. 使用 FTP 上传时的用户名和密码是否可以修改？如何修改？

7.5　网　线　制　作

7.5.1　实验目的

1. 了解常用网线的种类。
2. 掌握在各种应用环境下非屏蔽双绞线制作网线的方法及连接方法。
3. 掌握网线连通性测试方法。

7.5.2　实验环境

1. 实验材料:非屏蔽双绞线若干段、RJ-45 水晶头若干。
2. 实验工具:剥线钳、压线钳、网线测试仪。

7.5.3　实验内容与步骤

1. 制作一根直连线,并利用网线测试仪测试其连通性

① 用剥线钳将双绞线一端外皮剥去,剥线的长度为 13～15 mm,不宜太长或太短。

② 将线芯按照 568B 标准进行排列,即从左至右按 1～8 编号,颜色分别为白橙、橙、白绿、蓝、白蓝、绿、白棕、棕。

③ 用剥线钳将线芯剪齐,保留线芯长度约为 1.5 cm。

④ 将 RJ-45 水晶头的平面朝上,将线芯插入水晶头的线槽中,所有 8 根细线应顶到水晶头的顶部(从顶部能够看到 8 种颜色),同时应当将外包皮的双绞线也置入 RJ-45 水晶头之内,如图 7-26 所示。

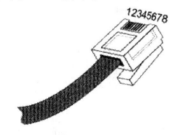

图 7-26　RJ-45 水晶头排列顺序　　　　　图 7-27　网线测试仪

⑤ 用压线钳将接头压紧,并确定无松动现象。

⑥ 将另一个水晶头以步骤①～⑤的方式装到双绞线的另一端。

⑦ 将做好的网线两头插入网线测试仪发射器和接收器两端的 RJ-45 接口,打开网线测试仪开关,如果发射器和接收器两端对应的指示灯同时亮则说明网线正常,如图 7-27 所示。

2. 按照步骤 1 的方法制作一根交叉线

需要注意的是,交叉线的一端按照步骤 1 中的 568B 标准制作,另一端按照 568A 标准制作,即按照图 7-26 中 1～8 编号顺序依次为白绿、绿、白橙、蓝、白蓝、橙、白棕、棕。

3. 测试

　　两人为一组,将步骤2制作出来的交叉线两端插入两台计算机网卡的 RJ – 45 接口,进行双机对连,配置好 IP 地址,测试两台计算机之间的数据传输。

7.5.4　课后思考与练习

1. 直连线和交叉线分别在什么情况下使用?
2. 总结制作网线的整个过程。
3. 解释测试网线时网线测试仪上各种指示灯的含义。

第8章 网页设计与制作

8.1 网络服务器与网站建设

8.1.1 实验目的

1. 了解和掌握 Internet 信息服务(IIS, Internet Information Services)的安装和配置。
2. 掌握虚拟目录的设置。
3. 掌握站点结构的规划。

8.1.2 实验环境

1. 微型计算机
2. Windows XP 操作系统
3. IIS 安装程序包或者 Windows XP 安装光盘
4. Microsoft FrontPage 2007(Microsoft Office SharePoint Designer)

8.1.3 实验内容与步骤

1. 安装 IIS

① 单击"控制面板"中的"添加或删除安装程序",再单击"添加/删除 Windows 组件"→ "Windows 组件向导",选中"Internet 信息服务(IIS)",如图 8 – 1 所示。

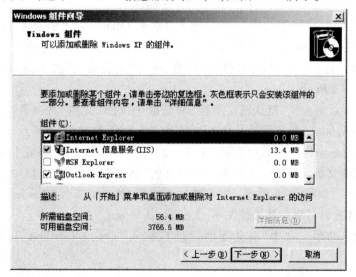

图 8 – 1 安装 IIS

② 检验安装结果。在 IE 浏览器的地址栏中输入"http://localhost/localstart.asp",显示出如图 8 - 2 所示的结果。

图 8 - 2　IIS 主页面

2. 配制 IIS

① 在硬盘上创建一个实际目录,例如"E:\myweb"。

② 单击"开始"→"控制面板"→"管理工具"→"Internet 服务管理器"→"Internet 信息服务"→"本地计算机"→"网站",用鼠标右键单击窗口中的"默认网站",在弹出的快捷菜单中选择"属性",打开"默认网站属性"对话框,单击"主目录",将"本地路径"设置为"E:\myweb",如图 8 - 3 所示。

③ 创建默认首页。在"默认网站属性"对话框中选择"文档"选项卡,设置网站首页的名称,例如"index.htm",将其添加并移动到列表的最顶端,如图 8 - 4 所示。

④ 打开 E:\myweb,单击鼠标右键,在弹出的快捷菜单中选择"新建"→"文本文档"命令,建立一个文本文档,如图 8 - 5 所示。在打开的"新建文本文档"窗口中,输入"这是我制作的第一个网页",如图 8 - 6 所示。保存该文本文档,然后重命名为"index.htm",如图8 - 7 所示。文本文档重命名后的结果如图 8 - 8 所示。

⑤ 检验安装结果。在 IE 浏览器的地址栏输入"http://localhost/",结果如图 8 - 9 所示。

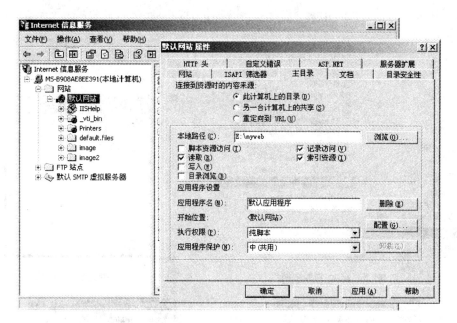

图 8 - 3　修改默认网站属性

图 8 - 4　IIS 默认文档设置

3．设计本地站点

在 FrontPage 2007 中设计一个"我的主页"本地网站，其结构如图 8 - 10 所示。练习打开本地文件夹和站点窗口的操作。

4．创建本地站点

启动 FontPage 网站，创建"我的主页"本地网站，如图 8 - 11 所示。选择"网站"→"网站导入向导"，指定网站位置并按图 8 - 10 所示设计网站结构。

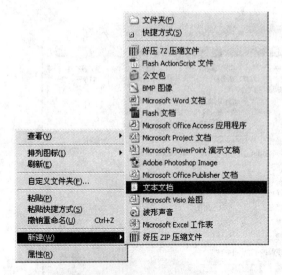

图 8-5 新建文本文档

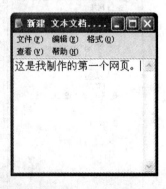

图 8-6 在文本文档中输入文字

图 8-7 将文本文档重命名

图 8-8 文本文档重命名后的结果

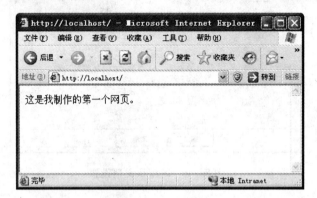

图 8-9 制作的第一个网页

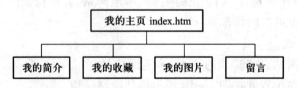

图 8-10 "我的主页"结构图

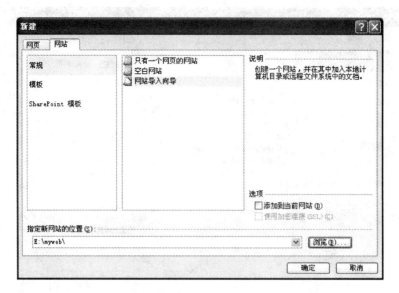

图 8 - 11　创建一个网站

8.1.4　课后思考与练习

1. "http://localhost/"代表什么含义？
2. 常用的制作网页工具有哪些？尝试用"记事本"来制作简单网页。

8.2　表格的使用

8.2.1　实验目的

1. 掌握利用 FrontPage 创建表格的方法。
2. 掌握设置表格属性的方法。
3. 掌握表格的排序和表格格式化的方法。
4. 掌握表格页面布局的方法。

8.2.2　实验环境

1. 微型计算机
2. Windows XP 操作系统
3. Microsoft FrontPage 2007（Microsoft Office SharePoint Designer）

8.2.3　实验内容与步骤

制作一个简单网页，具体操作步骤如下。

① 启动 FrontPage 界面，选择"新建"→"网页"→"常规"→"HTML"，创建一个空白网页，如图 8 - 12 所示。

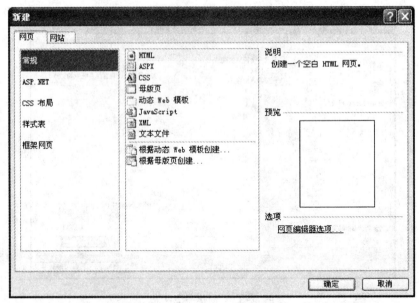

图 8-12 创建一个简单网页

② 选择表格图标,建立一个两行一列的表格,如图 8-13 所示。

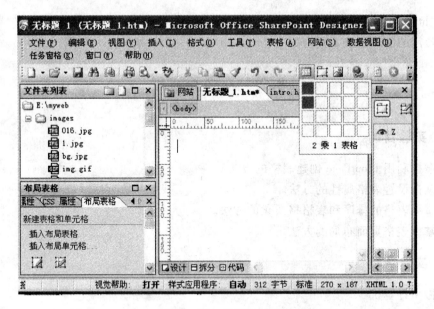

图 8-13 创建表格

③ 选择整个表格,单击鼠标右键,在弹出的菜单中选择"表格属性"命令,在打开的对话框中指定表格宽度为 100%,如图 8-14 所示。

④ 在表格中输入以下文字:

自我评价:本人个性开朗,真诚,大度,严谨。有较强的组织能力,沟通能力和工作能力。对工作认真负责,严谨务实。

人生信条:奋斗创造价值,坚持就是胜利。

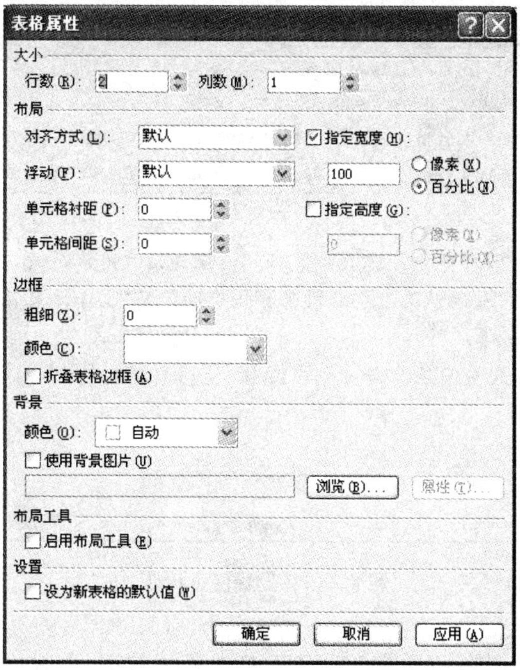

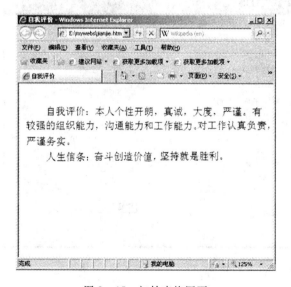

图 8 – 14　"表格属性"对话框

设置文字的字体、颜色。字体大小设置为默认大小,颜色设置为蓝色。按 F12 键或者在菜单栏中选择"文件"→"在浏览器中预览"→"Windows Internet Explorer",以"jianjie. htm"为名保存。结果如图 8 – 15 所示。

图 8 – 15　初始表格网页

⑤ 设置网页标题。单击鼠标右键,在弹出的快捷菜单中选择"网页属性"→"常规选项"→"标题",填入"自我评价和人生信条"。结果如图 8 – 16 所示。

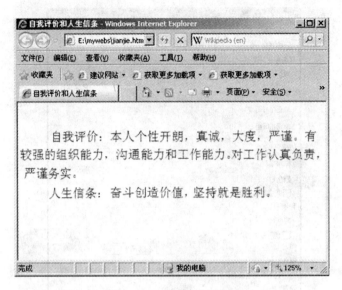

图 8-16 设置网页标题

⑥ 选择第二行,输入"版权所有"4 个字,单击鼠标右键,在弹出的快捷菜单中选择"单元格属性"命令,打开"单元格属性"对话框,在其中可以设置边框大小和颜色,以及单元格的背景色,如图 8-17 所示。这里边框大小设置为 3,颜色设置为蓝色,单元格背景色设置为淡紫色。按 F12 键查看预览效果,如图8-18所示。

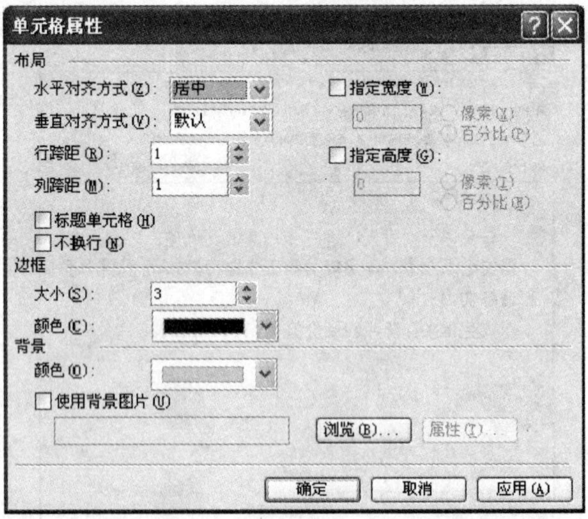

图 8-17 "单元格属性"对话框

选择第一行,参照图 8-17 设置单元格背景。设置结果如图 8-18 所示。

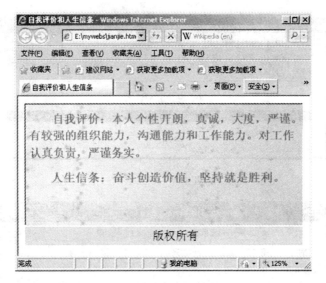

图 8 - 18　设置单元格效果

8.2.4　课后思考与练习

在 FrontPage 中,制作一个简单网页。在制作过程中,注意进行单元格属性设置、表格属性设置、网页属性设置,以及字体格式设置,尝试各种选项,并预览效果。

8.3　超链接以及层的使用

8.3.1　实验目的

1. 掌握创建、编辑超链接的方法。
2. 熟悉层的使用。

8.3.2　实验环境

1. 微型计算机
2. Windows XP 操作系统
3. Microsoft FrontPage 2007(Microsoft Office SharePoint Designer)

8.3.3　实验内容与步骤

1. 设置超链接

① 新建一个空白网页,并在其中建立一个两行一列的表格(表格宽度为 960 像素),在表格的第一行中输入"张三工作室"并设置好字体。

② 将表格第二行的背景色设置为蓝色,预览效果如图 8 - 19 所示。

③ 在表格的第二行中再插入一个一行四列的表格。各单元格分别输入"我的简介"、"我的基本情况"、"我的经历"、"我的图片",并参照图 8 - 20 设置边框。

图 8 – 19　预览效果

图 8 – 20　设置边框

④ 选择"我的简介",单击鼠标右键,选择快捷菜单中的"超链接"命令,在弹出的窗口中选择 8.2 节中已经建立的文件"jianjie. htm",保存后按 F12 键预览页面,单击"我的简介"可以看到,前面实验所创建的网页随即弹出。

注意:设置超链接后字体的颜色会发生变化,可以重新设置字体颜色。

2. 层的使用

① 在表格第一行中插入一个图片。

具体方法是:在菜单栏中单击"插入"→"图片"→"来自文件"命令,选择一个图片,效果如图 8 – 21 所示。

图 8 – 21　在表格中插入图片

② 对图形进行处理时会发现，对表格进行定位很不方便，如果想设置图片居右且文字居中，几乎不可能，除非在单元格中再嵌套一个表格。

③ 为了解决上述问题可将图片删除，单击插入层图标 ⬚，就会出现一个长、宽各为 100 像素的层，如图 8 - 22 所示。

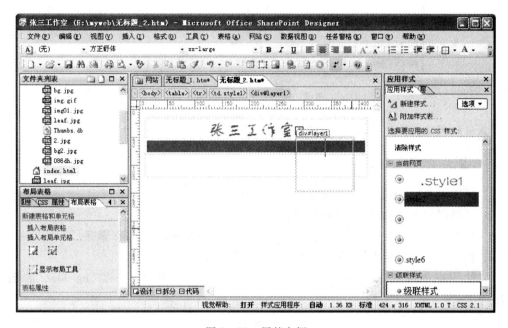

图 8 - 22　层的方框

将鼠标指针移到层的旁边，待鼠标指针变成四向箭头后，拖动层，层可以移到任意位置。

④ 用鼠标右键单击 FrontPage 窗口右边的"layer1"，单击"边框和底纹"→"底纹"选择好背景图片，如图 8 - 23 所示。

图 8 - 23　设置层的背景

⑤ 调节好层,将层放在表格第一行的右边。预览效果如图 8 - 24 所示。

图 8 - 24   层的使用效果图

⑥ 将所创建的网页以"nav. htm"的名称保存。

8.3.4   课后思考与练习

1. 制作网页时,用层定位和用表格定位各有什么优缺点?
2. 选择层的工具栏,尝试层的各种设置。
3. 在 8.3.3 的实验中,完善"我的基本情况"并以"qk. htm"的名称保存。
4. 在 8.3.3 的实验中,完善"我的经历"和"我的图片"。
5. 使用层创建 8.3.3 实验中"张三工作室"的欢迎界面,并以"bg. htm"的名称保存。

8.4   框架的使用

8.4.1   实验目的

1. 了解框架的使用。
2. 熟悉网页的布局使用。

8.4.2   实验环境

1. 微型计算机
2. Windows XP 操作系统
3. Microsoft FrontPage 2007(Microsoft Office SharePoint Designer)

8.4.3   实验内容与步骤

在 FrontPage 2007 中,新建一个网页,并选择"网页"→"框架网页"→"横幅和目录",如图 8 - 25 所示。打开框架页面窗口,如图 8 - 26 所示。

单击框架页中的"设置初始网页",分别选中"nav. htm"、"qk. htm"、"bg. htm",设置后保存为"index. htm"。其效果如图 8 - 27 所示。

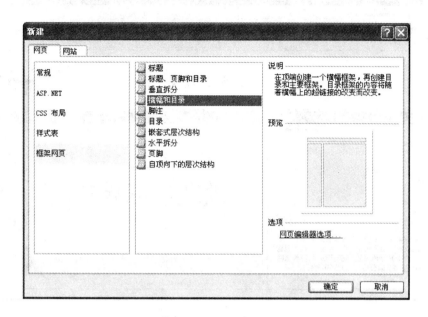

图 8 - 25　新建框架界面

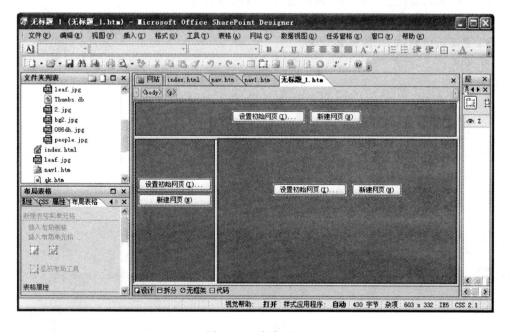

图 8 - 26　框架页面

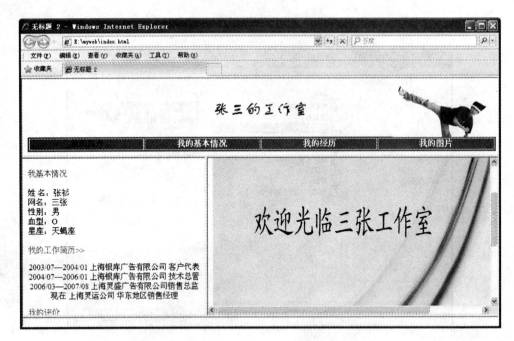

图 8 - 27   框架使用效果图

8.4.4   课后思考与练习

1. 如何通过表格、层、框架对网页进行合理的布局？

2. 如果要使网页中的框架隐藏不见,应该如何设置？

3. 完善所建网站,并预览其效果。

第9章　网络安全设置

9.1　Windows 安全中心

9.1.1　实验目的

1. 加强对计算机信息安全的认识。
2. 掌握 Windows XP 安全中心的设置方法。

9.1.2　实验环境

1. 微型计算机
2. Windows XP 操作系统

9.1.3　实验内容与步骤

为了提高系统的安全性，Windows XP 加设的安全中心可帮助用户管理计算机的安全设置，包括防火墙设置、自动更新和病毒防护等功能。

1. 开启 Windows XP 安全中心

Windows XP 系统第一次启动时，需要对安全中心进行设置。安全中心被创建在 Windows 的"控制面板"中，如图 9 - 1 所示。在"控制面板"窗口中单击具有 Windows 标志性颜色的盾牌，可打开 Windows 安全中心设置窗口，如图 9 - 2 所示。

图 9 - 1　在"控制面板"中选择"安全中心"

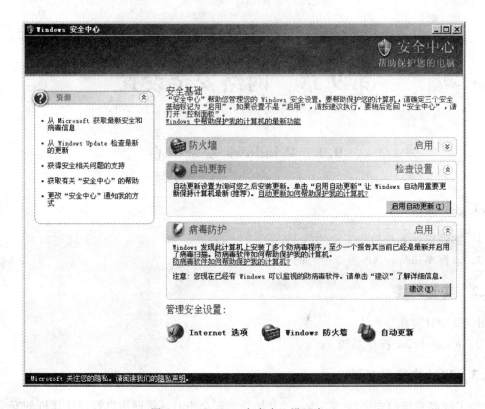

图 9-2 Windows 安全中心设置窗口

在"Windows 安全中心"窗口中,可以进行 Windows 安全设置。其中,在"安全基础"部分,显示出防火墙和自动更新的启用情况。如果系统没有安装病毒防护软件,则会在"病毒防护"一栏中显示提示,并建议用户安装病毒防护软件。

2. Windows XP 安全中心设置

在如图 9-2 所示的"Windows 安全中心"窗口中,单击其中的 3 个选项可以对系统进行安全设置。

(1) Internet 选项

单击"Windows 安全中心"窗口中的"Internet 选项",弹出如图 9-3 所示的"Internet 属性"对话框。在该对话框的"安全"选项卡中可以设置网络站点的安全级别,如果使用系统推荐的设置,则单击"该区域的安全级别"栏中的"默认级别"按钮;如果需要自己设置安全级别,则单击"自定义级别"来设置安全级别的高低。

注意,Windows XP 需要的系统安全级别较高,所以安全级别一般不能设置到中低和中低以下。

(2) 自动更新

单击"Windows 安全中心"窗口中的"自动更新",打开"自动更新"对话框,如图 9-4 所示。如果选择自动更新,则系统定期检查并安装推荐的系统更新,此时,还可以对系统自动更新的方式和时间进行选择和设置。

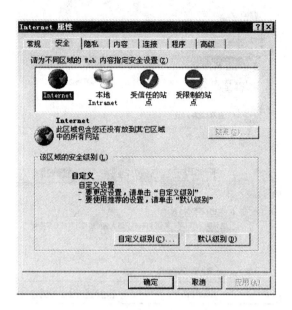

图 9 - 3　"Internet 属性"对话框

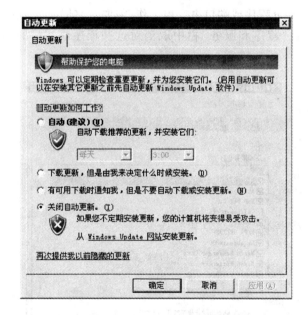

图 9 - 4　"自动更新"对话框

（3）Windows 防火墙

单击"Windows 安全中心"窗口中的"Windows 防火墙"，打开"Windows 防火墙"对话框，如图 9 - 5 所示。在"常规"选项卡中，如果选择"启用"，则除了在"例外"选项卡中设置的不启用防火墙的连入网络的外部源程序或端口，其他外部源程序或端口均启用 Windows 防火墙。如果选择"关闭"，则关闭 Windows 防火墙。这样所有外部源程序或端口均不启用防火墙，从而增加了系统受病毒和入侵者攻击的风险。

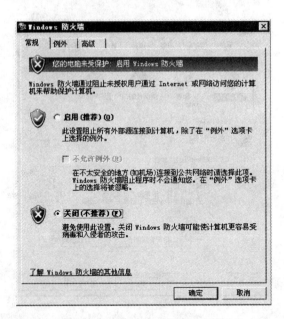

图 9 - 5　"Windows 防火墙"对话框

有时候为了使一部分程序或端口更好地工作,需要对它们取消防火墙启用设置。这时,单击"例外"选项卡,在"程序和服务"栏中取消对这些程序或端口的选择即可,如图 9 - 6 所示。

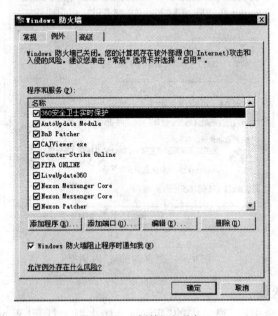

图 9 - 6　"例外"选项卡

如果需要对防火墙进行进一步的设置,则单击"Windows 防火墙"对话框中的"高级"选项卡,如图 9 - 7 所示。在其中的"网络连接设置"栏中,单击"设置"按钮,可以定义需要启用防火墙保护的连接。

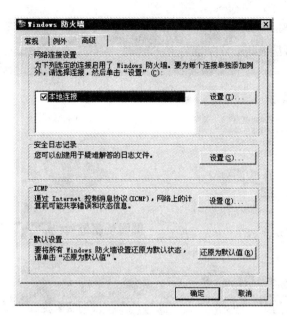

图 9 - 7　"高级"选项卡

9.1.4　课后思考与练习

1. 如何关闭 Internet Explorer 浏览器中的"IE 阻止弹出窗口功能"？
2. 下载并安装瑞星防火墙，了解其使用方法。
3. 访问 http://www.360.cn，下载并安装 360 安全卫士，并使用其"网盾"、"修复漏洞"等功能。

9.2　杀毒软件的使用

9.2.1　实验目的

掌握常用杀毒软件的使用方法。

9.2.2　实验环境

1. 微型计算机
2. Windows XP 操作系统
3. 一种杀毒软件

9.2.3　实验内容与步骤

1. 杀毒软件的设置

这里以瑞星杀毒软件(2010 版)为例，介绍杀毒软件的使用方法。运行瑞星杀毒软件应用程序，打开瑞星杀毒软件，如图 9 - 8 所示。

图 9-8 瑞星杀毒软件主窗口

（1）设置安全防护级别

使用瑞星杀毒软件查杀病毒时，需要设定安全防护级别。设定安全防护级别的具体步骤是：在瑞星杀毒软件主窗口中，选择"设置"，打开"设置"对话框，如图9-9所示。可以自定义安全级别，并通过"确定"按钮进行保存。

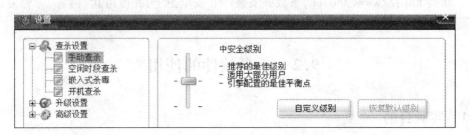

图 9-9 安全级别设置

（2）设置查杀病毒的方式

在"设置"对话框中，在左边窗口中可以设置查杀病毒的方式，如手动查杀、空闲时段查杀、开机查杀等，也可以进行升级设置和高级设置，其中高级设置还可以进行软件安全、云安全、排除查杀目标等的设置，如图9-10所示。

2. 手动查杀

（1）手动查杀设置

在瑞星"设置"窗口中，选择"手动查杀"，在右边窗口中可以对手动查杀进行设置。例如，可以设置发现病毒时的处理方式、杀毒结束后的动作等。

（2）查杀病毒

单击瑞星杀毒软件主窗口上的"杀毒"，打开"杀毒"选项卡。在左边窗口"查杀目标"

栏中列出了待查杀病毒的目标区域,如图 9 – 11 所示。默认状态下,所有本地硬盘、内存、引导区和邮箱等都处于选中状态,用户可根据需要选择目标区域。

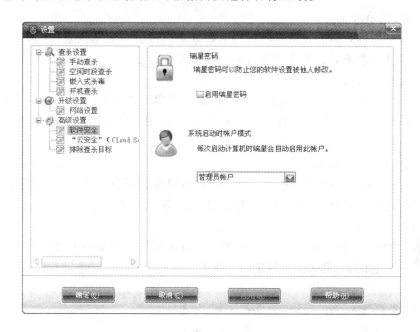

图 9 – 10　瑞星杀毒软件设置对话框

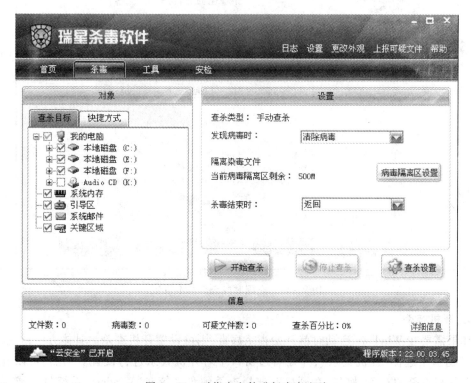

图 9 – 11　对指定文件进行病毒查杀

单击"开始查杀"按钮,即开始查杀所选区域目标,发现病毒时程序会提示用户进行相应的处理。

3. 空闲时段杀毒

为了充分利用计算机的空闲时间进行病毒查杀,通过在"查杀设置"中选择"空闲时段查杀",可以设置一些查杀任务在计算机空闲时间进行。

(1)设置处理方式

选择瑞星"设置"对话框的"处理方式"选项卡,可以设置空闲时段查杀的处理方式。例如,发现病毒时系统的处理方式,是否记录日志信息,发现病毒时是否报警,是否启用智能电源管理等。

(2)设置查杀任务列表

在"查杀任务列表"选项卡(图9-12)中,可以设置使用屏保查杀,即在计算机处于屏幕保护状态时进行病毒查杀,可以查看、添加、修改和删除查杀任务。

(3)设置检测对象

在"检测对象"选项卡中,可以指定空闲时段查杀所需要检测的对象,例如,引导区、内存、本地邮件、所有硬盘、关键区或指定的文件及文件夹。

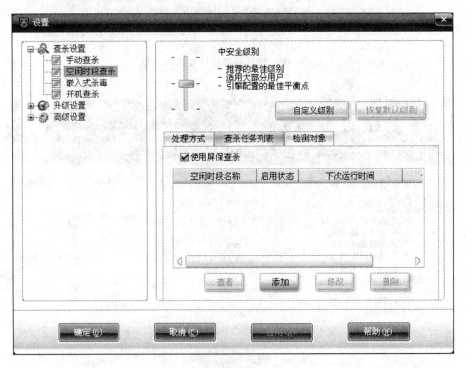

图9-12 空闲时段查杀基本设置

4. 开机查杀

如果需要在 Windows 启动时就开始查杀病毒,则可设置开机查杀。具体方法是,在瑞星"设置"窗口中选择"开机查杀",并在右边窗口中对开机查杀进行设置。当然,可以有选择地设置开机查杀的对象,例如,在开机时选择查杀硬盘系统盘、Windows 系统目录或所有的服务和驱动,如图9-13所示。

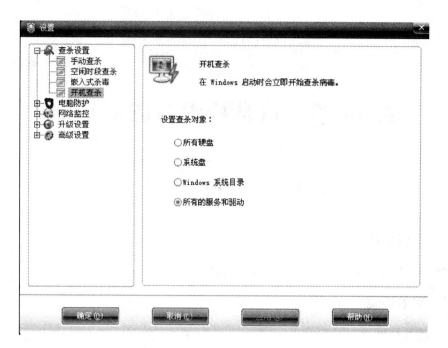

图 9 - 13　开机查杀基本设置

9.2.4　课后思考与练习

1. 比较市场上常见杀毒软件的优劣。
2. 下载并安装 360 杀毒软件，了解其使用方法。

第10章 信息检索与应用基础

10.1 CNKI 的应用

10.1.1 实验目的

熟练掌握 CNKI(中国知网)的基本使用方法。

10.1.2 实验环境

1. 微型计算机
2. Windows XP 操作系统
3. Internet 环境

10.1.3 实验内容与步骤

1. 检索要求

检索一篇关于气候变暖、发表于 2007—2009 年之间的学术论文,并将其中一篇下载到本地计算机上。

2. 简单检索

启动 IE 浏览器,在地址栏输入"http://www.cnki.net",进入中国知网主页,如图 10-1 所示。从"学术期刊特刊"等中选择要查找的范围,或者直接单击"学术文献总库",进入中国学术文献网络出版总库界面,如图 10-2 所示。在该界面,用户可以选择"简单检索"、"标准检索"等多种方式进行检索。

简单检索提供了类似搜索引擎的检索方式,用户只需要输入所要查找的关键词,例如"气候变暖",单击"简单检索"就可查到相关的文献,如图 10-3 所示。

在标准检索中,检索过程分为两个步骤。

第一个步骤是输入检索条件。一方面,输入检索范围控制条件,如发表时间、文献出版来源等控制条件,以便于准确控制检索的范围和结果。另一方面,输入目标文献的内容特征,如全文、题目、关键词或中图分类号。这里选择全文中包含有"气候变暖"的文献,如图 10-4 所示。输入好检索条件后,单击"检索文献"按钮,即可得到初次的检索结果,如图 10-5 所示。

第二个步骤是对初次的检索结果进行分组筛选,经过反复筛选直至得到最终的结果。例如,可以对第一个步骤中初次的检索结果按所需要的学科领域、研究层次、文献作者、文献来源等进行分组筛选。

图 10 - 1　中国知网首页

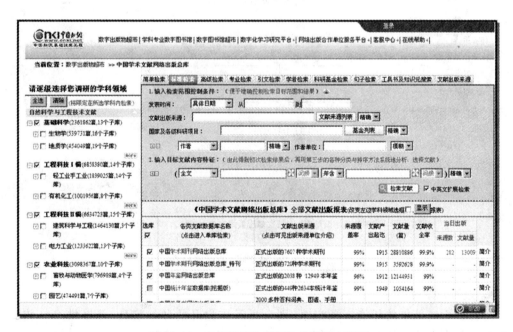

图 10 - 2　中国学术文献网络出版总库界面

3. 安装全文浏览器 CajViewer

中国知网数据库提供 CAJ 和 PDF 两种文件格式。如果阅读 CAJ 格式的文件,则需要安装 CajViewer 软件;而如果阅读 PDF 格式的文件,则需要安装 PDF Reader 软件。以 CAJ 格式文件为例,在 CNKI 的登录页面中,单击"常用软件下载"按钮,从弹出的"下载中心"页面中,将 CajViewer 软件下载到本地计算机并安装。

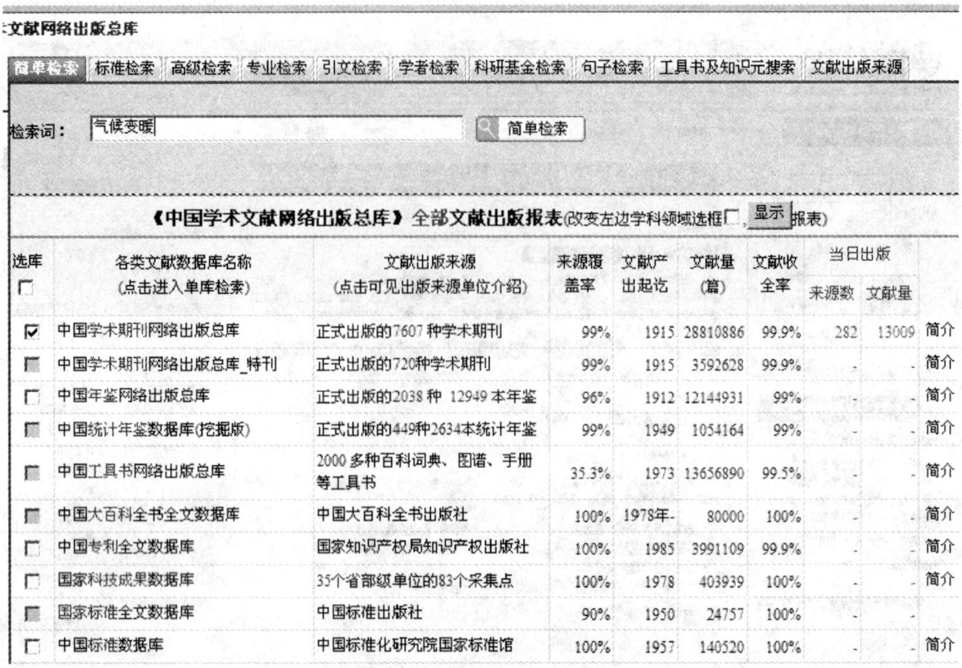

图 10 – 3 "气候变暖"的简单检索

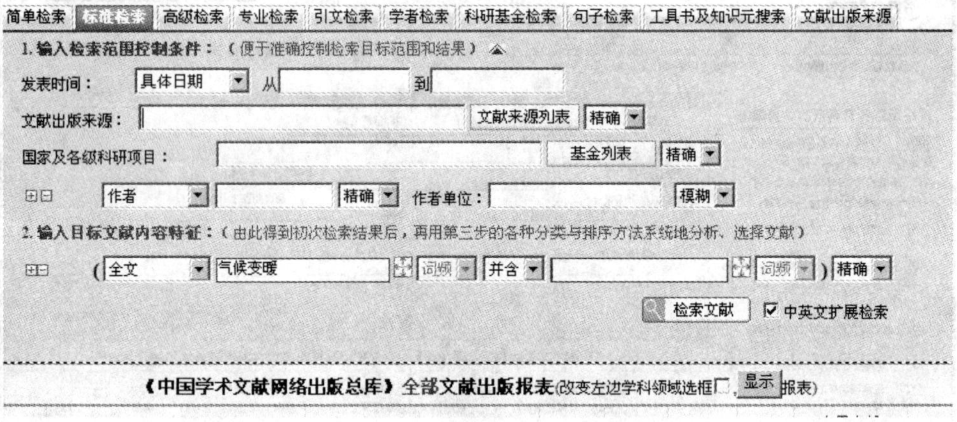

图 10 – 4 "气候变暖"的标准检索

4. 查看记录的检索项

单击检索结果中的任意一条记录,则会显示该记录的详细信息,并提供 CAJ 格式和 PDF 格式的全文下载链接,查看其篇名、作者、关键词和文章摘要等信息。

5. 阅读全文

选中检索结果中的任意记录,单击该记录左端的图标▣;或选中任意记录,单击鼠标右键,从弹出的快捷菜单上选择"打开"命令,然后在打开的该记录的详细信息中,单击"CAJ 下载"或"PDF 下载",在弹出的"文件下载"对话框中,选择"打开"按钮,即可阅读该篇文章的全文。

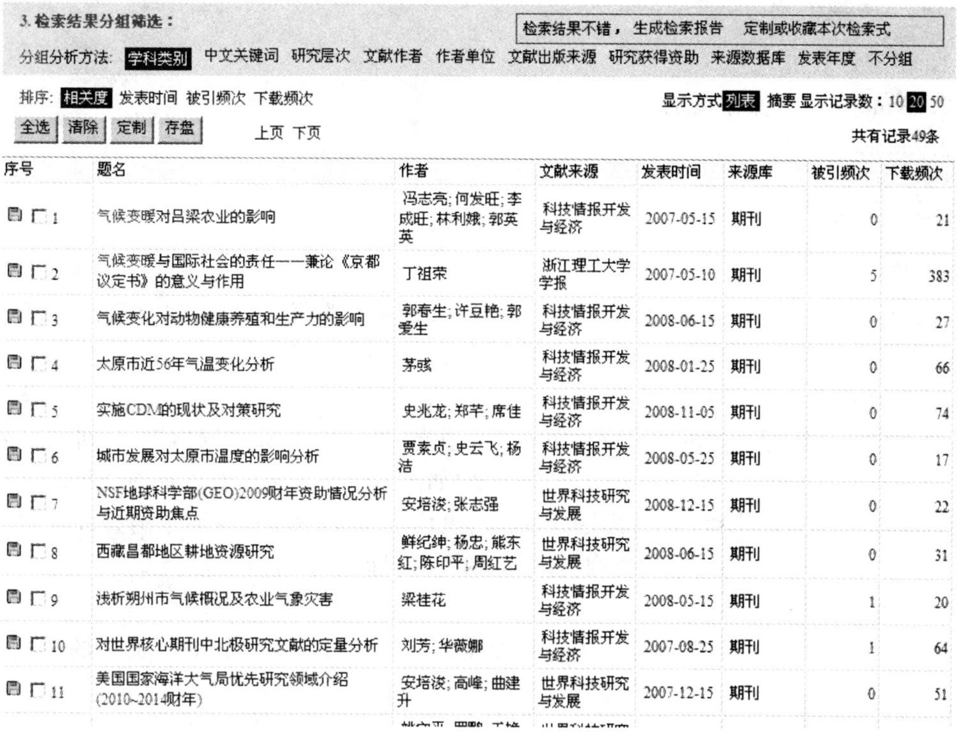

3. 检索结果分组筛选：

检索结果不错，生成检索报告　定制或收藏本次检索式

分组分析方法: 学科类别 中文关键词 研究层次 文献作者 作者单位 文献出版来源 研究获得资助 来源数据库 发表年度 不分组

排序: 相关度 发表时间 被引频次 下载频次　　显示方式 列表 摘要 显示记录数：10 20 50

全选 清除 定制 存盘　上页 下页　　共有记录49条

序号	题名	作者	文献来源	发表时间	来源库	被引频次	下载频次
1	气候变暖对吕梁农业的影响	冯志亮; 何发旺; 李成旺; 林利娥; 郭英英	科技情报开发与经济	2007-05-15	期刊	0	21
2	气候变暖与国际社会的责任——兼论《京都议定书》的意义与作用	丁祖荣	浙江理工大学学报	2007-05-10	期刊	5	383
3	气候变化对动物健康养殖和生产力的影响	郭春生; 许豆艳; 郭爱生	科技情报开发与经济	2008-06-15	期刊	0	27
4	太原市近56年气温变化分析	茅彧	科技情报开发与经济	2008-01-25	期刊	0	66
5	实施CDM的现状及对策研究	史兆龙; 郑芊; 席佳	科技情报开发与经济	2008-11-05	期刊	0	74
6	城市发展对太原市温度的影响分析	贾素贞; 史云飞; 杨洁	科技情报开发与经济	2008-05-25	期刊	0	17
7	NSF地球科学部(GEO)2009财年资助情况分析与近期资助焦点	安培浚; 张志强	世界科技研究与发展	2008-12-15	期刊	0	22
8	西藏昌都地区耕地资源研究	鲜纪绅; 杨忠; 熊东红; 陈印平; 周红艺	世界科技研究与发展	2008-06-15	期刊	0	31
9	浅析朔州市气候概况及农业气象灾害	梁桂花	科技情报开发与经济	2008-05-15	期刊	1	20
10	对世界核心期刊中北极研究文献的定量分析	刘芳; 华薇娜	科技情报开发与经济	2007-08-25	期刊	1	64
11	美国国家海洋大气局优先研究领域介绍(2010~2014财年)	安培浚; 高峰; 曲建升	世界科技研究与发展	2007-12-15	期刊	0	51

图 10 – 5　“全球变暖”标准检索结果

6. 将所选记录下载到本地计算机

选中检索结果中的任意记录，单击该记录左端的图标▤；或选中任意记录，单击鼠标右键，从弹出的快捷菜单中选择“打开”命令，然后在打开的该记录的详细信息中，单击“CAJ 下载”或“PDF 下载”，在弹出的“文件下载”对话框中，选择“保存”按钮，即可将文件(caj 或 pdf)下载到本地计算机上。

10.1.4　课后思考与练习

1. 检索 2009 年度国家社科基金项目研究成果，列出其中的 3 条记录(格式为：[1] 作者 1，作者 2. 篇名[J]. 刊名，年(期)：页码.)。

2. 自选题目，检索与该题目相关的 2009 年至 2010 年期间公开发表的核心期刊论文，并将其中的一篇下载到本地计算机上。

10.2　超星数字图书馆

10.2.1　实验目的

熟练掌握超星数字图书馆的基本使用方法。

10.2.2 实验环境

1. 微型计算机
2. Windows XP 操作系统
3. Internet 环境

10.2.3 实验内容与步骤

1. 登录

在浏览器地址栏中输入"http://book.chaoxing.com/",即可登录到超星读书网站,如图 10-6 所示。

2. 图书检索

在"🔍搜索"图标左边的文本框中输入要查找的关键词"计算机网络",查询范围为"全部字段"。单击"搜索"按钮,返回 2 336 条记录,如图 10-7 所示。对于查询结果,可以通过单击页面中的"上一页"和"下一页"进行翻页;也可以设置"搜索"区域中的查询条件,实现按"作者"、"书名"、"全文"进行查询,查询范围可以根据要求进行设置。

3. 安装超星阅读器

超星数字图书馆中的图书需要用超星阅览器才能打开。单击网站页面中的"超星 pdg 阅览器",下载"ssreader.exe"软件到本地计算机并安装。

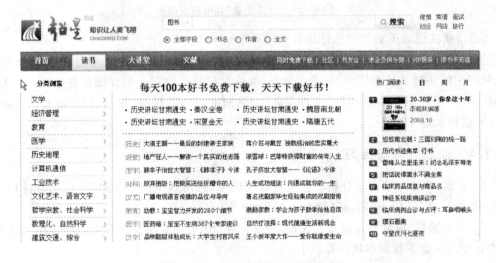

图 10-6   超星数字图书网站首页

4. 图书阅读与下载

在图书检索返回的查询结果中,任意选择一条记录,单击其中的"阅读器阅读",超星阅读器会自动打开该记录对应的图书,如图 10-8 所示。若单击"下载本书",则会打开"下载选项"对话框,设置好"分类"和"存放路径"后,超星阅读器软件能够启动多个下载线程,将图书下载到指定的路径,如图 10-9 所示。

图 10 - 7　超星数字图书馆图书检索

图 10 - 8　用超星阅览器打开图书

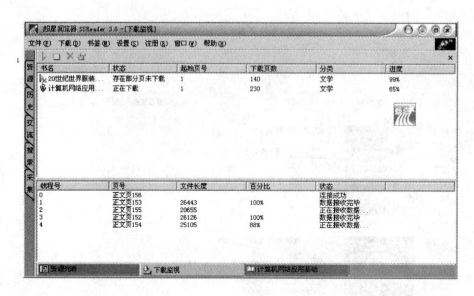

图 10 - 9   用超星阅览器下载图书

10.2.4   课后思考与练习

从网上下载并安装超星阅览器,然后进入超星数字图书馆,在线浏览指定的图书,下载其封面页 、目录页和正文第一页(共 3 页),保存在作业文件夹中。

10.3   搜 索 引 擎

10.3.1   实验目的

掌握常用搜索引擎的使用方法。

10.3.2   实验环境

1. 微型计算机
2. Windows XP 操作系统
3. Internet 环境

10.3.3   实验内容与步骤

1. 实验内容
使用“百度”搜索引擎查找关于迈克尔·杰克逊的资料。
2. 实验步骤
打开 IE 浏览器,在地址栏中输入“www. baidu. com”,并按 Enter 键。
① 在打开的百度主页中单击“网页”,在文本框中输入关键字“迈克尔·杰克逊”,单击“百度一下”按钮,搜索结果如图 10 - 10 所示。

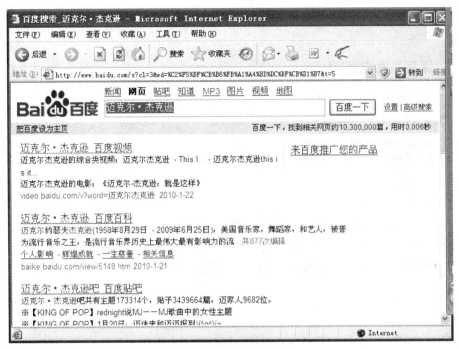

图 10－10　搜索结果页面

② 单击搜索结果页中的"迈克尔·杰克逊_百度百科",显示出如图 10－11 所示的页面。

图 10－11　百度百科

③ 分别单击搜索输入框上面的"贴吧"、"知道"、"MP3"、"图片"和"视频",查看搜索结果。

10.3.4　课后思考与练习

1. 利用百度检索以下信息。

① 当前人民币对美元的汇率

② 广州、深圳的邮编

③ 昆明、乌鲁木齐的长途区号

④ 长沙到北京的火车车次

⑤ 上海当天的气温

⑥ 从长沙火车站到湖南展览馆可选择的公交线路

2. 列举常见的中英文搜索引擎。

3. 一般的搜索引擎除了信息搜索之外,还提供了哪些应用?

第11章 电子商务实验

11.1 网上银行的使用

11.1.1 实验目的

了解网上银行的基本操作与使用。

11.1.2 实验环境

1. 微型计算机
2. Windows XP 操作系统
3. Internet 环境

11.1.3 实验内容与步骤

随着电子商务的普及,很多银行都在 Internet 上开通了自己的电子商务业务,即网上银行。网上银行渗透到人们生活的很多方面,与人们的关系也越来越密切。下面就以中国工商银行为例,介绍网上银行的使用过程。中国工商银行网上银行的首页如图 11 – 1 所示 。

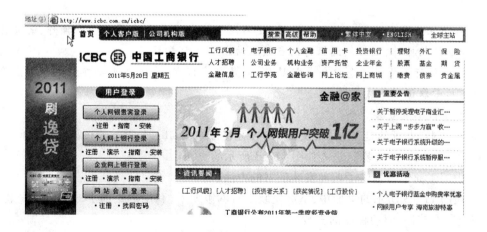

图 11 – 1　中国工商银行网上银行首页

1. 个人网上银行的开通

要开通中国工商银行个人网上银行,目前有两种方法。

① 到中国工商银行的网点申请开通网上银行。申请成功后,用户将得到 U 盾或者动态

口令卡,接着即可登录中国工商银行的个人网上银行。

② 用户自助注册。登录中国工商银行网上银行首页,在如图 11 - 1 所示的页面中,选择"个人网上银行登录"下的"注册",即可进入网上银行自助注册页面,在输入银行账号后,进入如图 11 - 2 所示的页面(其中所属地区和账号已经隐藏)。

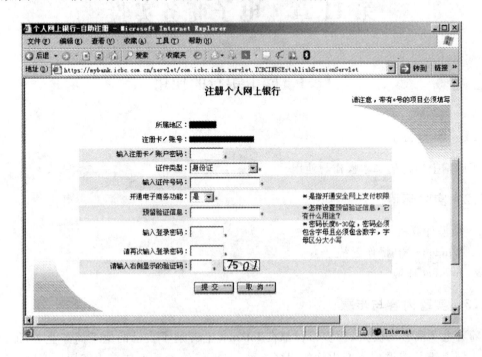

图 11 - 2　个人网上银行注册页面

按照页面提示输入完相关信息后,单击"提交"按钮,即可完成网上银行的注册。

注意:

① 自助注册没有动态口令卡或 U 盾,使用网上银行时将主要进行查询操作,若要进行购物或转账汇款操作,则必须到银行网点领取动态口令卡或 U 盾。

② 部分银行不提供动态口令卡或 U 盾,而是数字证书,这时候需要在到银行网点开通网上银行后索取证书下载密码。

2. 数字证书的安装

如果在网点办理的是 U 盾,初次使用时,需要在如图 11 - 1 所示的页面中,选择"个人网上银行登录"下的"安装",进入如图 11 - 3 所示的页面。

① 中国工商银行提供了两种安装证书的方法。

a. 在图 11 - 3 所示的页面中,下载安装工行网银助手,利用网银助手的集成化安装,一次性完成所有控件、驱动程序的安装。

b. 在图 11 - 3 所示的页面中,根据提示依次单击"下载安装安全控件"、"安装证书驱动程序"、"安装工行根证书",以完成证书的安装。

② 安装完证书后,登录个人网上银行,直接进入"U 盾管理",在"U 盾下载"栏目下载用户的个人客户证书信息到 U 盾中,如图 11 - 4 所示。

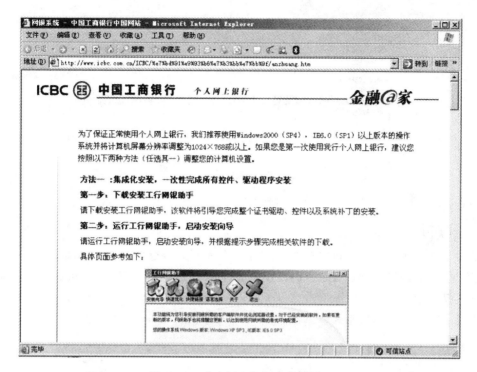

图 11 - 3 个人网上银行安装主页面

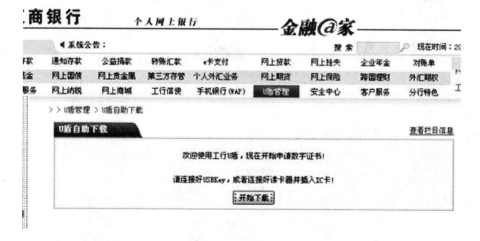

图 11 - 4 下载证书到 U 盾中

③ 设置 U 盾证书密码。这个密码也是使用网上银行购物或者汇款时所要输入的安全密码,务必保密。

④ U 盾证书安装完成后,将 U 盾插入计算机的 USB 接口,然后通过选择"开始"菜单→"程序"→"工行个人网上银行证书工具软件"→"智能卡管理",打开如图 11 - 5 所示的窗口。

在"硬件令牌管理实用程序"窗口中,如果 ICBC Token 为工作状态,则代表证书安装正确,可以正常使用了。

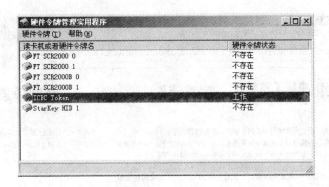

图 11-5 "硬件令牌管理实用程序"窗口

3. 个人网上银行的登录

在中国工商银行网上银行的首页上,单击"个人网上银行登录",进入如图 11-6 所示的页面,输入账号或用户名、登录密码以及验证码后,单击"提交"按钮,即可进入网上银行,如图 11-7 所示。

注意:当首次登录时,系统一般会提示安装安全控件,如图 11-6 所示。

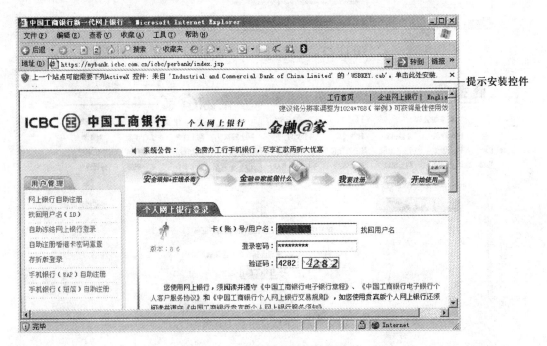

图 11-6 个人网上银行登录页面

登录成功后,即可利用网上银行进行各种操作,例如,账户查询、转账汇款、网上缴费等。

4. 个人网上银行的使用

目前,利用网上银行购物、缴费等是最常见的应用。例如,给淘宝购物的支付宝账号充值,如图 11-8 所示。

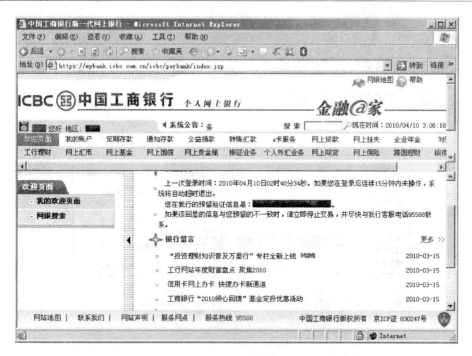

图 11 - 7　个人网上银行登录成功后的界面

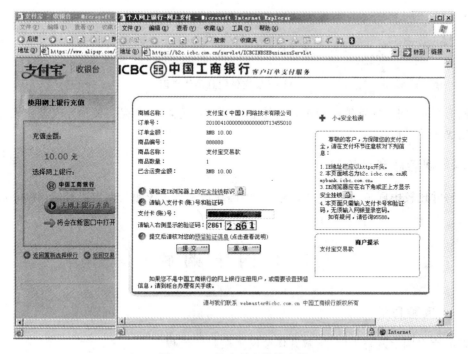

图 11 - 8　给支付宝账号充值

　　在如图 11 - 8 所示的页面上输入网上银行的支付账号和验证码后,单击"提交"按钮,并根据提示选择"全额付款"或"分期付款",在随后出现的支付信息确认页面中核对相关信息,如果支付信息无误,则单击"提交"按钮,打开如图 11 - 9 所示的对话框,按要求输入 U 盾的安全密码,输入密码后,系统会再次提示用户确认支付信息,单击"确定"按钮后即可完成充值操作。

图 11 - 9　支付信息确认页面

　　网上缴费、网上付款等的操作方式与上述操作方式类似,都是需要输入安全密码并确认才能完成相关操作。

11.1.4　课后思考与练习

　　了解并比较中国工商银行、中国银行、中国建设银行三家银行网上银行使用的相同与不同之处。

11.2　网 上 购 物

11.2.1　实验目的

　　以淘宝网网上购物为例,了解并体会网上购物的流程。

11.2.2　实验环境

　　1. 微型计算机
　　2. Windows XP 操作系统
　　3. Internet 环境

11.2.3　实验内容与步骤

1. 注册登录账号

在浏览器的地址栏中,输入淘宝网的网址"http://www.taobao.com",打开淘宝网主页。如果不是淘宝网用户,则需要进行注册。通过淘宝网主页上的"免费注册",可进行用户注册,如图 11 - 10 所示。淘宝网提供了手机号码注册和邮箱注册两种注册方式。用户可根据需要选择相应的注册方式。

图 11 - 10　注册淘宝账号

2. 查找需要的商品

在淘宝网上查找需要购买的商品,查找时可以通过淘宝搜索引擎直接查找,也可以通过网站上的商品分类逐层进行查找,如图 11 - 11 所示。

图 11 - 11　搜索淘宝

3. 购买商品

查找到需要的商品后,如果确定购买,或者放入"购物车"(即单击"加入购物车"按钮),继续购买,或者直接单击"立刻购买"按钮,如图 11 - 12 所示。

如果单击"立刻购买"按钮,则会打开订单确认页面。在此页面中,填写相关的购买信息,如收货地址、购买数量等信息,确认无误后即可提交订单信息,如图 11 - 13 所示。

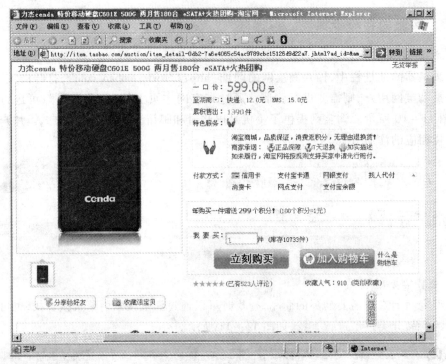

图 11-12　选择相应的商品

图 11-13　输入支付密码

4. 付款

在淘宝网上购物,付款方式可以是支付宝余额付款,也可以是网上银行付款、网点付款。如果选择支付宝余额付款方式,则买方在确认购买后,货款将先被支付到支付宝中。等买方收到所购买的商品并确认后,支付宝才将货款拨入卖方的账户。

付款的具体操作过程如下。

① 用户确认购买后,系统会自动跳转到支付宝页面,如图 11 – 14 所示。在这个页面中,若选择"网上银行付款",则选择有关的网上银行,确认无误后货款即被支付到支付宝中心,并进入付款成功提示页面,如图 11 – 15 所示。

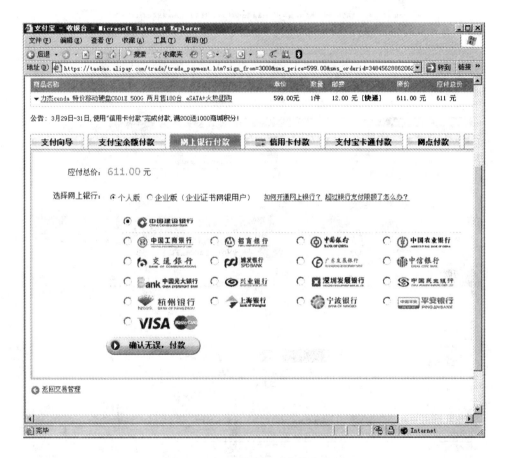

图 11 – 14　支付货款到支付宝中心

② 确认收到货物并支付货款。在自己的淘宝账户中,单击"我是买家"选项,可以查看所购买商品的状态,如图 11 – 16 所示。

当所购买的商品信息中显示"卖方已经发货"信息时,会出现"确认收货"按钮,表明这时卖方已经将商品发出,提示买方准备接收商品,如图 11 – 17 所示。如果买方收到卖方已发出的商品,则单击"确认收货"按钮,进入如图 11 – 18 所示的页面。

在最终的交易页面中输入支付密码并确认后,交易完成,货款将被支付到卖方账户中。

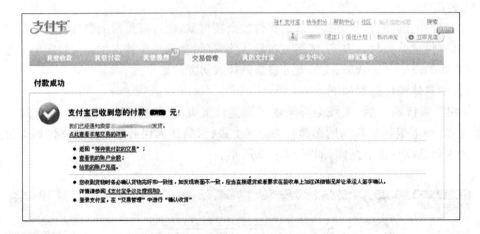

图 11 – 15   支付成功

图 11 – 16   查看已购商品的状态

图 11 – 17   确认收货

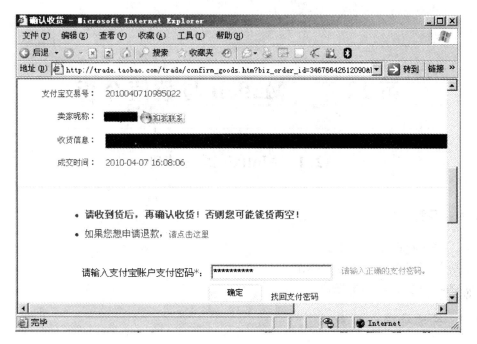

图 11－18　最终的交易页面

11.2.4　课后思考与练习

1. 登录腾讯 QQ 旗下的腾讯拍拍网站 http://www.paipai.com，进行一次购物体验，并在操作后画出买卖双方的交易流程图。

2. 登录易趣网 http://www.eachnet.com，比较购物方式和腾讯拍拍、淘宝网有什么相同和不同之处。

第 12 章　Matlab 与数值分析

12.1　Matlab 语言基础

12.1.1　实验目的

1. 了解 Matlab 语言环境。
2. 练习 Matlab 命令的基本操作。
3. 练习 M 文件的基本操作。

12.1.2　实验环境

1. 微型计算机
2. Matlab 软件环境

12.1.3　实验内容与步骤

1. 了解 Matlab 语言环境

（1）Matlab 语言操作界面

用鼠标双击 Matlab 程序图标，启动 Matlab。启动 Matlab 后，将显示包括命令窗口、工作空间窗口、命令历史窗口和当前目录窗口等和主菜单组成的操作界面。本章实验将主要在命令窗口中进行。在命令窗口的命令提示符位置输入命令，完成下述练习。

（2）练习 Matlab 中与 DOS 相似的命令

Matlab 语言有与 DOS 操作系统中 dir、type、col 等常用命令相似的命令，在 Matlab 命令窗口中练习这些命令（下面约定用"✓"表示按下 Enter 键）。

```
dir c:\Matlab6p5\toolbox ✓
type anyprogram.m ✓
cd..   cd toolbox ✓
```

（3）Matlab 的数据显示格式

Matlab 的数据显示格式有 short, long, hex, short e, long e, rational 等。在 Matlab 命令窗口依次输入：

```
a = pi ✓
b = exp(1) ✓
```

改变数据格式，观察变量值，并做记录。

（4）变量查询

使用变量查询命令 who, whos 查询变量并做记录。

（5）显示目录结构

使用目录项显示命令 dir 查询当前目录项。

（6）搜索路径

使用搜索路径命令 path 列出 Matlab 自动搜索路径清单。

（7）联机帮助

使用联机帮助命令 help 查询 help 命令的使用说明。此外，查询前面使用过的命令的使用说明。例如，

```
help who ↙
help path ↙
```

（8）字符串查询

使用 help 查询 lookfor 命令的功能与使用方法，并使用该命令查询相应的关键词字符串。

```
help lookfor ↙
```

（9）Matlab 语言演示

在命令窗口中输入以下命令：

```
intro ↙
demo ↙
```

显示 Matlab 语言的介绍，如矩阵输入、数值计算、曲线绘图等。阅读相关的注释内容，了解 Matlab 语言的应用。

2．练习 Matlab 命令的基本操作

（1）常数矩阵输入命令

```
a = [1 2 3 ] ↙
a = [1 ;2 ;3] ↙
```

记录结果，比较显示结果有何不同。

```
b = [1 2 5] ↙
b = [1 2 5]; ↙
```

记录结果，比较显示结果有何不同。

```
a ↙
a' ↙
b ↙
b' ↙
```

记录结果，比较变量加“′”后的区别。

```
c = a* b ↙
c = a* b' ↙
```

记录显示结果，如果出错，说明出错的原因。

```
a = [1 2 3 ;4 5 6; 7 8 0] ↙
a^2 ↙
a^0.5 ↙
```

记录显示结果。

（2）编写循环命令程序

创建 M 文件,在其中输入以下语句:

```
makesum = 0;
for   i = 1:1:100
      makesum = makesum + i;
end
```

运行后,在命令窗口中键入 makesum,按 Enter 键,记录计算结果。

（3）执行下列命令

```
a = [1 2 3 ; 4 5 6;7 8 0]↙
poly(a)↙
rank(a)↙
det(a)↙
trace(a)↙
inv(a)↙
eig(a)↙
```

观察、记录显示结果。使用联机帮助 help 查阅相应函数的意义和函数格式,并做记录。

3. 练习 M 文件的基本操作

打开"file"菜单,其中有"open M‑file"用于打开 M 文件;"run M‑file"用于执行 M 文件。练习这两项操作。

注意:大部分 M 文件需要相应的数据才可以运行,否则命令窗口中将给出警告提示。

按照上述步骤进行实验,并按实验记录完成实验报告及思考题。

12.1.4　课后思考与练习

1. 变量查询命令 who 和 whos 的区别是什么? 各自用在什么场合?
2. 了解循环命令中的步长意义。

12.2　Matlab 数值运算

12.2.1　实验目的

1. 学习 Matlab 的基本矩阵运算。
2. 学习 Matlab 的点运算。
3. 学习复杂运算。

12.2.2　实验环境

1. 微型计算机
2. Matlab 软件环境

12.2.3　实验内容与步骤

1. 基本矩阵运算

（1）创建数值矩阵

创建数值矩阵 A。

① 输入

```
a=[1 2 3;4 5 6;7 8 9];
```

观察

```
a(3,2)
a(:,1)
```

② 输入

```
t=0:10;
u=0:0.1:10;
```

观察向量 t, u 的值。

③ 输入

```
a(:,3)=[2;3;4];
a
```

观察矩阵 A 的变化。

④ 输入

```
b=[1 1+2i;3+4i 3];
```

观察复数矩阵。

（2）特殊矩阵

分别建立 3×3, 3×2 以及与矩阵 A 同样大小的零矩阵, 观察特殊矩阵。

（3）矩阵运算

创建矩阵 A, B, C, 并做矩阵运算。

① 输入

```
a=[0 1 0;0 0 1;  -6  -11  -6];
b=[1 2;3 4;5 6];
c=[1 1 0;0 1 1];
```

做矩阵乘运算(各种组合至少 3 个)、矩阵乘方运算(至少 2 种), 以及矩阵加减运算。

② 输入

```
a1=a+b*c
a2=c*b-a(1:2,1:2)
a3=a(1:2,2:3)+c*b
```

做矩阵 A 和 B 的右除(常规除)、左除运算。

（4）矩阵特征运算

完成如下矩阵特征运算(至少 5 个):

```
a'   inv(a)   diag(a)   tril(a)   inv(a)
poly(a)   rank(a)   det(a)   trace(a)   eig(a)
```

2．Matlab 的运算

（1）点乘与点除运算

输入

```
a1 = [1 2;3 4]
a2 = 0.2 * a1;
```

观察

```
[a1 a2]
[a1.*a2  a1./a2]
```

由点运算完成标量函数运算并作图。

（2）正弦、余弦函数

输入

```
t = 0:2 * pi/180:2 * pi;
y1 = sin(t);y2 = cos(t);
y = y1.*y2;
plot(t,[y;y1;y2]);
```

（3）复数函数

输入

```
w = 0.1:0.1:2;
g1 = (1 + 0.5 * w * i)/(1 - 0.5 * w * i)
g1
g2 = (1 + 0.5 * w * i)./(1 - 0.5 * w * i)
g2
plot(g2);
xlabel ('real g2(w)');
ylabel (imag g2(w)')
axis ('square')
```

3．多项式运算

（1）建立多项式向量

输入

```
ap = [1 3 3 1]
b = [ -1  -2  -3 ];
bp = poly(b)
```

（2）多项式的乘除运算与求根运算

输入

```
p = conv (ap , bp)
roots (p)
```

（3）多项式的其他运算

输入

```
a = [1 2 3 4];
b = [1 - 1];
c = a + [zeros(1 , length(a) - length(b)),b]
poly2str (c,'x')
polyvalm (a, 3)
```

4. 代数方程组(选做)

(1) 恰定方程组

设有三个矩阵 **A**、**B** 和 **X**,有

$$AX = B,$$

其中,**A** 为 $n \times n$ 矩阵,**B** 为 $n \times 1$ 矩阵,**X** 为 $n \times 1$ 矩阵。

方程组的解为

$$X = A^{-1}B \quad 或 \quad X = A \backslash B$$

方程可表示为

$$[1 \quad 2 ; \quad 2 \quad 3][x1 \quad x2] = [8 \quad 13]$$

输入

```
a = [1 2 ; 2 3];
b = [8 ; 13];
```

方法 1:利用逆矩阵求解。

```
x = inv (a)*b
```

方法 2:利用矩阵左除求解。

```
x = a \b
```

(2) 超定方程组

设有三个矩阵 **A**、**B** 和 **X**,有

$$AX = B,$$

其中,**A** 为 $m \times n$ 矩阵,**B** 为 $m \times 1$ 矩阵,**X** 为 $n \times 1$ 矩阵,$m > n$。

方程组的解为

$$X = (A^{T}A)^{-1}A^{T}B \quad 或 \quad X = A \backslash B$$

方程可表示为

$$[1 \quad 2;2 \quad 3;3 \quad 4][x1 \quad x2] = [1 \quad 2 \quad 3]$$

输入

```
a = [1  2;2  3 ;3  4];
b = [1; 2; 3];
```

方法 1:利用正则方程求解。

```
x = inv (a'*a)*a'*b
```

方法 2:利用矩阵左除求解。

```
x = a \b
```

(3) 欠定方程组

设有三个矩阵 **A**、**B** 和 **X**,有

$$AX = B,$$

其中,A 为 $m \times n$ 矩阵,B 为 $m \times 1$ 矩阵,X 为 $n \times 1$ 矩阵,$m < n$。

方程组的解为

$$X = X\_B \text{ 或 } X = A\backslash B$$

式中,$X\_$ 为矩阵 A 的满足式 $AX\_A = A$ 的广义逆矩阵。

方程可表示为

$$[1 \quad 2 \quad 3;2 \quad 3 \quad 4 \quad][x1 \quad x2 \quad x3] = [1 \quad 2]$$

方法 1:利用广义逆矩阵求解。

```
aa = [1 2 3 ;2 3 4];
bb = [1 ;2]
x = pinv (aa)*bb
```

方法 2:利用矩阵左除求解。

```
x = aa \bb
```

由于欠定方程组的解是非唯一的,因此矩阵左除解是由基础解系构成的最小范数解,解元素中少出现 $n - m$ 个零元素;而广义逆矩阵解向量则不是最小范数解。

5. 数值分析(选做)

(1) 基本统计

```
a = randn (1, 100)
t =1:100;  plot(t,  a)
am = mean (a)
as = std(a)
amed = median (a)
```

(2) 快速傅里叶变换

```
t = 1:256;
y = sin(2*pi/8*t) +rand (size(t));
ty =fft(y);
subplot(2 1 1),plot (t, y); subplot(2 1 2),plot (t, ty);
```

6. 函数优化(选做)

(1) 寻找函数 $f = x^2 + 3x + 2$ 在 $[-5,5]$ 区间的最小值

```
fmin ('x^2 +3*x +2', -5, 5)
```

(2)不等式约束条件下的优化问题

$$\min \quad f(x) = e^{4x_1^2 + 2x_2^2 + 4x_1x_2 + 2x_2 + 1}$$

$$x \text{ s.t.} \begin{cases} 1.5 + x_1x_2 - x_1 - x_2 \leqslant 0 \\ -x_1x_2 \leqslant 10 \end{cases}$$

```
x0 = [-1 , 1 ];% 给定初值
options = [];% 默认参数
[x, options] = constr (['f = exp ( x (1))*(4*x(1)^2 + 2*x(2)^2 +…
        4*x (1)*x(2) + 2*x(2) +1;', …
'g (1) =1.5 + x (1)*x(2) - x(1) - x(2);', …
```

```
'g (2) = - x(1)*x(2) -10;'], x0, options);
```
部分解答如下：
```
x =
    -9.5474    1.0474
```
函数值：
```
options (8)
ans =
    0.0236
```
约束条件值：
```
g = [1.5 + x(1)*x(2) - x(2), -x(1)*x(2) -10]
g' =1.0e -014*[0.1110   -0.1776]
```
（3）各种约束条件的优化问题

在 Matlab 命令窗口中输入 tutdemo，查看 Matlab 优化计算的示例。

按照上述步骤进行实验，并按实验记录完成实验报告及思考题。

12.2.4　课后思考与练习

1. 了解矩阵左除运算和右除运算的区别。
2. 了解点乘除和常规乘除的区别。

12.3　非线性方程求根

12.3.1　实验目的

1. 熟悉用 Matlab 实现二分法、牛顿法等常用的非线性方程迭代算法。
2. 培养编程与上机调试能力。

12.3.2　实验环境

1. 微型计算机
2. Matlab 软件环境

12.3.3　实验内容与步骤

1. 实验内容

求方程 $f(x) = x^2 - 3x + 2 - e^x = 0$ 在 0.5 附近的根。

2. 实验方法

（1）二分法

计算 $f(x) = 0$ 的二分法如下。

① 输入求根取间 $[a, b]$ 和误差控制量 ε，定义函数 $f(x)$。如果 $f(a)f(b) < 0$，转②；否则退出选用其他求根方法。

② 当 $|a - b| > \varepsilon$ 时，计算中点 $x = (a + b)/2$ 以及 $f(x)$ 的值。

分情况处理:

$|f(x)| < \varepsilon$:停止计算,$x^* = x$,转④ ;

$f(a)f(x) < 0$:修正区间$[a,x] \to [a,b]$;

$f(x)f(b) < 0$:修正区间$[x,b] \to [a,b]$。

③ $x^* = \dfrac{a+b}{2}$。

④ 输出近似根 x^*。

(2) 牛顿法

给定初始值x_0,ε 为根的容许误差,η 为$|f(x)|$的容许误差,N 为迭代次数的容许值。

① 如果$f'(x_0) = 0$ 或迭代次数大于 N,则算法失败,结束;否则执行②。

② 计算 $x_1 = x_0 - \dfrac{f(x_0)}{f'(x_0)}$。

③ 若$|x_1 - x_0| < \varepsilon$ 或$|f(x_1)| < \eta$,则输出 x_1,程序结束;否则执行④。

④ 令 $x_0 = x_1$,转向①。

3.实验程序

(1) 二分法程序

```
function x = two(a,b,e)
% x = two(f,a,b,e)
if f(a)*f(b) > =0
    return
end
while abs(a-b) >e
    x = (a+b)/2;
    y = f(x);
    if abs(y) <e
        return
    end
    if f(a)*f(x) <0
        b = x;
    end
    if f(x)*f(b) <0
        a = x;
    end
end
```

(2) 牛顿法程序

```
function [x,n] = newton(x0,e,et,N)
% x = newton(e,et,n)
n = 0;
while fdiff(x0) ~ =0 |n < =N
    x1 = x0 - f(x0)/fdiff(x0);
```

```
    if abs(x1 - x0) < e |abs(f(x1)) < et
        x = x1;
        return
    end
    x0 = x1;
    n = n + 1;
end
```

4. 程序运行

（1）编辑 f 函数

```
function y = f(x)
% y = f(x)
y = x^2 - 3 * x + 2 - exp(x);
```

在命令窗口输入命令求解。

```
a = 0; ↙
b = 1; ↙
e = 1e - 5; ↙
[x,n] = two(a,b,e) ↙
x =
    0.2575
n =
    16
```

（2）编辑 f 和 fdiff 函数

```
function y = f(x)
% y = f(x)
y = x^2 - 3 * x + 2 - exp(x);


function y = fdiff(x0)
% y = fdiff(x)
x = sym('x');
y = diff(x^2 - 3 * x + 2 - exp(x));
y = subs(y,x0);
```

在命令窗口输入命令求解。

```
e = 1e - 8; ↙
et = 1e - 8; ↙
N = 100; ↙
[x,n] = newton(0.5,e,et,N) ↙
x =
    0.2575
n =
    2
```

　　按照上述步骤进行实验,并按实验记录完成实验报告及思考题。

12.3.4　课后思考与练习

　　考虑一个简单的代数方程:

$$x^2 - x - 1 = 0$$

针对上述方程,可以构造多种迭代法,如

$$x_{n+1} = x_n^2 - 1 \tag{12.1}$$

$$x_{n+1} = 1 + \frac{1}{x_n} \tag{12.2}$$

$$x_{n+1} = \sqrt{x_n + 1} \tag{12.3}$$

在实数轴上取初始值 x_0,请分别用迭代(12.1)~(12.3)做实验,记录各算法的迭代过程。

第 13 章　多媒体技术基础

13.1　数字化音频信号的获取与处理

13.1.1　实验目的

1. 学习使用录音机编辑和制作声音素材。
2. 掌握在 Windows 环境下录制、播放和编辑声音文件的方法。
3. 了解音频的数字化原理,掌握音频数字化数据量的计算方法。

13.1.2　实验环境

1. 微型计算机
2. Windows XP 操作系统

13.1.3　实验内容与步骤

1. 创建文件夹

① 打开 D 盘上前面所创建的以班级名_自己名字命名的文件夹。

② 在上述文件夹中,创建两个子文件夹,分别命名为"我的作品"和"我的素材库",并在"我的素材库"中创建"文字素材"、"图片素材"、"声音素材"、"其他素材"等文件夹。

2. "录音机"的使用

将来自声源的模拟声音转录为数字波形文件需要应用程序的支持,如一些声卡所附带的简单录音软件、专用的录音编辑软件等。利用 Windows XP 下"附件"中的"录音机"可以很方便地进行录音和简单编辑,但是"录音机"每次录音的时间一般在 1 分钟以内。

（1）录音

注意:若因实验条件不具备或课时紧张,则可以省略录音部分的实验步骤,而直接从 Windows 中查找一个波形文件,再完成下述实验。

① 在关闭计算机的状态下按照要求将声源设备与声卡正确连接,然后启动计算机。录音前,必须仔细做好准备工作。如果通过话筒录音,则应将话筒插头插入声卡的 MIC 插孔中,并打开话筒开关,调整好话筒音量;如果是通过磁带录音,则应将磁带录音机的线路输出插孔通过连线与计算机声卡的线路输入插孔相连,把录音带插入放音机,并倒带到需剪录的起始处,最后使放音机处于暂停状态。

② 启动 Windows 录音程序。单击"开始"→"程序"→"附件"→"娱乐"→"录音机"命令,打开"录音机"窗口,如图 13 - 1 所示。

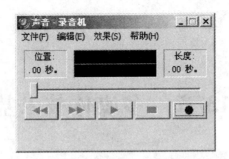

图 13 - 1 "录音机"窗口

③ 设置录音属性。选择"编辑"菜单中的"音频属性"命令,打开"声音属性"对话框(也可以从"控制面板"中的"声音和音频设备"打开"声音属性"设置对话框),如图 13 - 2 所示。

图 13 - 2 "声音属性"对话框

a. 在"音频设备"选项卡中选择录音设备,一般就是安装的声卡设备。

b. 单击"高级"按钮,在弹出的对话框中调节音频录制的性能,然后选择"应用",并确定。

c. 单击图 13 - 2 中的话筒图标,打开话筒属性对话框,如图 13 - 3 所示。选择输入设备(例如,Mic、线路输入),然后单击"确定"按钮,返回到图 13 - 2 所示的对话框。

④ 试录。单击"声音属性"对话框中的"声音播放"中的"音量",打开音量控制对话框,如图 13 - 4 所示。取消音量控制对话框中对应输入设备的静音设置,并适当调节音量滑块,打开声源设备,单击"录音机"窗口中的录音键开始录音,此时在波形显示窗口中会出现波形,录音完毕,按停止键结束。需要注意的是,如果声源是话筒,则录音时需要关闭音箱的音量。按放音键播放刚才录制的声音,根据回放情况调节音量控制对话框中对应输入设备的音量滑块,反复操作,直到回放的声音强弱适中,没有明显的失真。

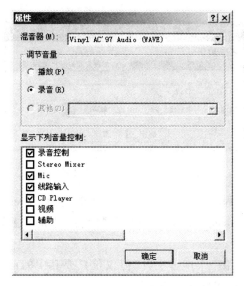

图 13-3 话筒属性的设置

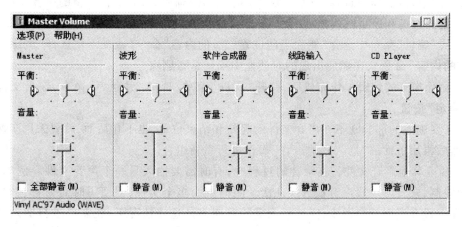

图 13-4 音量的设置

⑤ 单击录音键开始正式录音,录音完毕后,按停止键结束录音。

⑥ 保存。录音文件有两种保存方式:

单击"录音机"菜单栏中的"文件"→"保存"命令,在弹出的"保存"对话框中,输入路径、文件名后,录音文件以默认的录音质量保存为 WAV 文件。

单击"录音机"菜单栏中的"文件"→"另存为"命令,弹出"保存"对话框,在其下部的"格式"区域中选择"更改",弹出如图 13-5 所示的"声音选定"对话框。在"名称"下拉列表中提供了 3 种声音质量,若均不适合,则可以通过更改"格式"和"属性"选项,并采用"另存为"方式保存为自定义的格式。

利用该方法也可录制计算机中其他软件的声音。

(2) 声音的简单编辑

利用软件工具对已有的数字音频进行编辑处理,不但可以实现诸如将两段声音依次连接、混合等特殊要求,还能对一段声音进行添加回音、改变频率、插入静音、交换声道等处理,使原有的声音锦上添花。

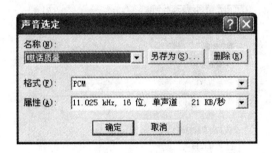

图 13 – 5　"声音选定"对话框

一般声卡附带的应用程序都具备声音编辑功能,例如 Creative WaveStudio、Cool Edit Pro、友立公司的 Audio Editor 等,Windows XP 下"附件"中的"录音机"也具有简单的编辑功能。

① 删除部分声音。引用一个声音文件,但仅仅只要其中的部分声音,就要删除不必要的声音。删除部分声音的具体操作步骤如下。

a. 从"录音机"窗口选择"文件"菜单中的"打开"命令,打开准备编辑的声音文件。

b. 用播放键和停止键或拖动滚动条上的滑块来定位需要删除的声音文件的位置。

c. 从"编辑"菜单中选择"删除当前位置之后的内容"命令(或视需要选择"删除当前位置之前的内容"命令),在随后出现的对话框中确认是否删除。

d. 删除声音的编辑工作完成后,打开"文件"菜单,选择"另存为"命令,输入文件名后单击"确定"按钮。

若需要删除的部分既不在声音文件的起始和结束位置,也不在后面,就要采用多次删除操作,然后再用下面的"插入其他声音"操作进行重新组合。

② 插入其他声音文件。在录音的过程中,有时需要插入另一个声音文件。例如,由于受时间限制,录音时一段声音被分成几次录制而成为多个文件,但使用时需要将它们连接。再如,在一段介绍虎的解说中,需要插入虎的吼叫声。这些情况下,就需要进行插入其他声音文件的操作。具体操作步骤如下。

a. 首先使用"文件"菜单中的"打开"命令打开第一个声音文件。

b. 用播放键和停止键或拖动滚动条上的滑块定位拟插入声音文件的位置。

c. 从"编辑"菜单中选择"插入文件"命令,在打开的"插入文件"对话框中输入或直接选定欲插入的另一个声音文件的路径和文件名,单击"打开"按钮,完成插入操作。

d. 重复操作,直至完成。

e. 插入声音完成后,打开"文件"菜单,选择"另存为"命令,输入文件名后单击"确定"按钮。

③ 混合声音。混合声音就是将不同的声音文件混合到一起,从而构成一种特殊的效果。例如,将解说声与背景音乐混合,在播放时,可以同时听到解说词和音乐,形成了配乐解说;再如将雨声与风声、雷声混合产生特殊的效果;等等。具体操作步骤如下。

a. 首先打开一个声音文件。

b. 用播放键和停止键来定位想要混入声音文件的起点位置。

c. 从"编辑"菜单中选择"与文件混合"命令,在打开的"与文件混合"对话框中输入准备混入的另一个文件名,单击"打开"按钮,完成混合。

　　d. 混合声音完成后,打开"文件"菜单,选择"另存为"命令,输入路径、文件名后确定。

　　④ 改变声音效果。

　　a. 调整音量。在"效果"菜单中选择"加大音量"或"降低音量"命令,可调整整个声音文件的音量,每次调整的幅度是 25%。

　　b. 调整速度。在"效果"菜单中选择"加速"或"降速"命令,可改变声音的播放时长,相当于改变音调,每次调整的幅度是 100%。

　　c. 添加回音。在"效果"菜单中选择"添加回音"命令,可使声音增加空间感。

　　d. 反向。在"效果"菜单中选择"反问"命令,可改变声音的起始方向。

　　e. 调整文件的质量:利用"文件"菜单中的"另存为"命令,通过改变"另存为"对话框中的"格式/更改"中的参数,可以改变声音文件的质量。

　　利用 Windows XP 附件下的"录音机"还可以进行其他操作,这里不再一一叙述。

　　3. 数字化音频

　　① 启动"录音机",录制 20 秒的声音(来自话筒的或计算机正在播放的声音),以 CD 音质用文件名"music1. wav"保存到"声音素材",退出"录音机"。

　　② 启动"录音机",录制 20 秒的声音(来自话筒的或计算机正在播放的声音),以收音机音质用文件名"music2. wav"保存到"声音素材",退出"录音机"。

　　③ 启动"录音机",录制 20 秒的声音(来自话筒的或计算机正在播放的声音),以电话音质用文件名"music3. wav"保存到"声音素材",退出"录音机"。

　　④ 打开"声音素材"文件夹,查看 3 个文件的大小,并填入表 13 - 1 中。

　　⑤ 填写如表 13 - 1 所示的内容。

表 13 - 1　数字化音频信号的获取与处理实验记录

文件名	采样频率(Hz)	量化位数(位)	长度(秒)	计算值	实验值
music1. wav					
music2. wav					
music3. wav					
结论和体会	班级:＿＿＿＿＿＿　学号:＿＿＿＿＿＿　姓名:＿＿＿＿＿				

　　⑥ 书面上交实验记录处理表格。

13.1.4　课后思考与练习

　　1. 根据计算公式:

　　音频数字化数据量 =[(采样频率×采样位数×声道数)/8]×时间

表 13 - 1 中的实验数据与计算数据是否相同？为什么？

2. 先做下面练习再思考。在原有声音中插入一个声音文件后,其大小是否发生改变？为什么？在原有声音中混加一个声音文件后,其大小是否发生改变？为什么？

13.2　OCR 方式的文本素材的获取和处理

13.2.1　实验目的

1. 掌握 OCR 方式的文本素材的获取方法。
2. 掌握扫描仪、OCR 软件、截图工具的使用方法。

13.2.2　实验环境

1. 微型计算机
2. Windows XP 操作系统
3. OCR 软件
4. HypeSnap 截图软件

13.2.3　实验内容与步骤

将原稿扫描成单色的 TIF 图形格式(也可由指导教师预先准备扫描好的 TIF 图形文件),用 OCR(Optical Character Recognition,光学字符识别)软件识别并生成文本形式,同时,将原稿扫描图像中的图片截下,与文本一起在 Word 中重新按原稿格式排版。

1. 获取 TIF 格式的扫描图像文件

① 在安装了扫描仪设备和驱动程序的前提下,启动 OCR 软件(这里使用的是汉王 OCR,也可用 Photoshop、ACDSee、Windows"附件"中的"映像"等程序进行扫描,识别软件也可以使用紫光、尚书等),选择"文件"→"扫描图像"命令,如图 13 - 6 所示(注意:如果已有 TIF 格式的图像文件,则可省略下述步骤①和②)。

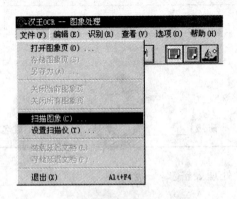

图 13 - 6　选择扫描界面

② 这时自动调出扫描软件(如图 13 - 7 所示),选定线性黑白模式,分辨率为 150 dpi (注意:dpi 太大形成的文件就会占用太多的空间,太小则字符识别率会受到影响)。

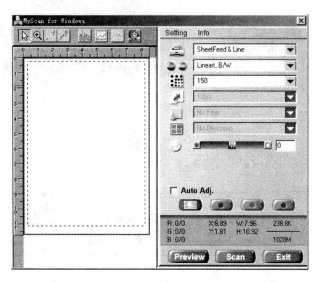

图 13 - 7　扫描参数设置

单击"Scan"按钮,开始扫描。

③ 扫描完成后,可以单击倾斜校正按钮对倾斜的图像进行"倾斜校正",单击旋转图像按钮旋转图像,单击设定识别区域按钮"　",在扫描的图像中选取要识别的区域,如图 13 - 8 所示。

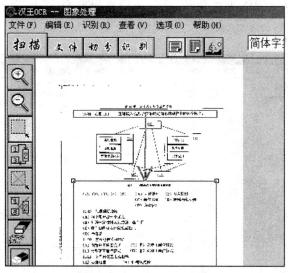

图 13 - 8　设置识别区域

2. 将扫描图像文件转换为文本格式

单击"扫描"按钮,OCR 软件自动识别图片中的字符,并打开 OCR 的"文稿校对"窗口,如图 13 - 9 所示。在"文稿校对"窗口中,上部子窗口中显示的是 OCR 软件从扫描图像中自动识别并提取的字符,而相应的扫描图片同时显示在下部子窗口中。这样可以通过对照下部子窗口中的扫描图像来校对上部子窗口中的文本。

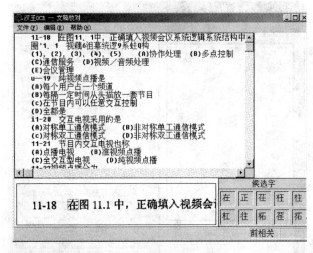

图 13 – 9　自动识别界面

　　完成后将校对好的文本另存为 TXT 文件（或复制到 Word 中排版）。如果扫描页中有图形需要截取，则需要将其保存为 TIF 格式的图形文件。

　　3. 截取图片

　　① 双击所保存的 TIF 文件，在图像处理软件（例如 ACDSee）中将要截取的图形调整到最清晰状态。

　　② 启动 HyperSnap – DX 截图软件，选择矩形捕捉方式（或按 Ctrl + Shift + R 键），如图 13 – 10 所示。

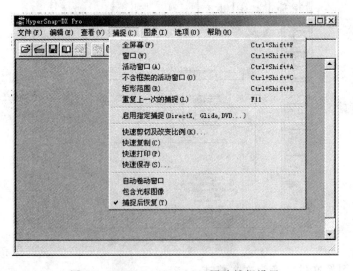

图 13 – 10　HyperSnap – DX 图片捕捉设置

　　③ 框定要选取的内容后，单击鼠标即可将选取的图形复制到 HyperSnap – DX 窗口中，如图 13 – 11 所示。

　　④ 选择"文件"菜单中的"另存为"命令，将其保存为独立的文件，或者按 Ctrl + C 键直接将其复制到 Word 文档中。

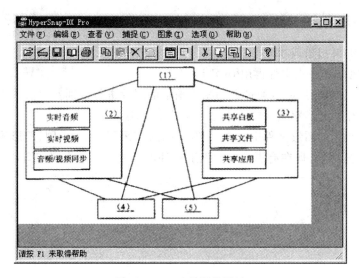

图 13 – 11 已捕捉的图片

4. 将扫描图像文件转换为原稿格式的 Word 文件

在前面操作的基础上, 将由 OCR 软件识别生成并校对好的文本, 以及从扫描图像中截取的图片复制或插入到 Word 文档中, 并按原稿的格式进行编辑排版, 如图 13 – 12 所示。

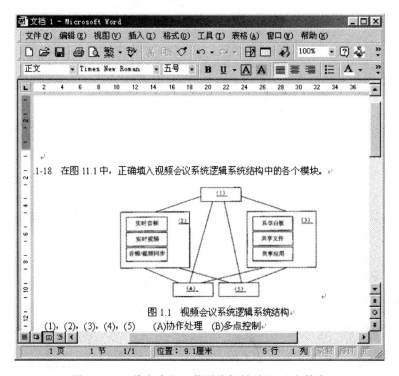

图 13 – 12 将文本和已截图片复制到 Word 文档中

13.2.4 课后思考与练习

1. 将实物资料扫描成 TIF 格式文件后再转换成可编辑的文字,考虑一下,能否将实物资料扫描成其他图形格式文件再用 OCR 识别?

2. 当没有扫描仪时,能否通过数码相机拍下的照片进行识别?

3. 扫描图片的分辨率太大或太小会产生什么影响?

4. 本实验使用的图形文件中有文字和图形,文字采用 OCR 识别、图形采用截图方式获取,这种方法略显麻烦,现在有更高级的识别软件可以同时识别文字和图片,试用一下,并比较二者的利弊。

第 14 章　数据库基础

14.1　Access 的基本操作

14.1.1　实验目的

1. 掌握建立和维护 Access 数据库的一般方法。
2. 掌握利用设计视图或其他方法创建表和修改表的结构的方法。
3. 熟悉表间关系的建立方法。
4. 掌握表中记录的编辑方法。

14.1.2　实验环境

1. 微型计算机
2. Windows XP 操作系统
3. Office 2007 应用软件

14.1.3　实验内容与步骤

1. 创建数据库

打开 Access 应用程序,单击 Access 窗口左上角的 Office 按钮，打开 Office 按钮面板,然后单击其中的"新建"命令(或者直接单击中间工作窗口的"新建空白数据库"中的"空白数据库"),即可新建一个数据库。

在右侧窗口的"文件名"文本框中键入文件名"学生信息管理",然后将文件保存在目标文件夹中。

2. 在数据库中创建表

在上面创建的数据库中,创建 3 个表,即"学生"表、"课程"表和"选课"表。表的结构分别如表 14-1、表 14-2 和表 14-3 所示。建议在建立表时使用不同的方法创建表。

3. 修改表的结构

① 在"学生"表中增加一个字段"照片",数据类型为 OLE 对象。

② 在"学生"表中把"出生年月"字段移到"系部"字段之前。

③ 把"选课"表中"成绩"字段的小数位改为 1 位。

4. 建立表间关系

① 打开"学生信息管理"数据库,在"数据库工具"选项卡的"显示/隐藏"组中单击按钮，打开"关系"窗口。

② 在"显示/隐藏"组中单击按钮 ，打开"显示表"对话框，如图 14－1 所示。

表 14－1　"学生"表的结构

字段名称	字段类型	字段宽度	是否主键
学号	文本	11	是
姓名	文本	4	
性别	文本	1	
系部	文本	20	
贷款否	是/否		
出生年月	日期/时间		
简历	备注		

表 14－2　"课程"表的结构

字段名称	字段类型	字段宽度	是否主键
课程号	文本	5	是
课程名	文本	20	
学分	数字	单精度型(1 位小数)	

表 14－3　"选课"表的结构

字段名称	字段类型	字段宽度	是否主键
学号	文本	11	是
课程号	文本	5	是
成绩	数字	单精度型(2 位小数)	

图 14－1　"显示表"对话框

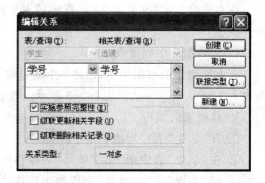

图 14－2　"编辑关系"对话框

③ 在"显示表"对话框中，列出当前数据库中所有的表。选中"课程"、"选课"和"学生"这三个要添加的表，单击"添加"按钮，则选中的表被添加到"关系"窗口中。单击"关

闭"按钮,关闭"显示表"对话框。

④ 建立表之间的关系。在"学生"表,选中"学号"字段,按住鼠标左键,将该字段拖到"选课"表的"学号"字段上,放开左键,这时会打开"编辑关系"对话框。

⑤ 在"编辑关系"对话框中选中"实施参照完整性"复选框,如图 14 - 2 所示。

⑥ 在"编辑关系"对话框中单击"创建"按钮完成创建,然后关闭"编辑关系"对话框,返回到"关系"窗口。

⑦ 用同样的方法给"课程"表和"选课"表以"课程号"为连接字段建立关系,建立关系后的结果如图 14 - 3 所示。

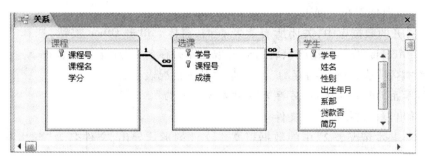

图 14 - 3　建立关系后的结果

⑧ 单击"关闭"按钮,这时会询问是否保存布局的更改,单击"是"按钮,从而完成了表间关系的创建。

5. 编辑表中记录

在"学生"表、"课程"表和"选课"表中分别输入数据,表中的数据分别如图 14 - 4、图 14 - 5 和图 14 - 6 所示。

学号	姓名	性别	出生年月	系部	贷款否	简历	照片
09402010201	周文琴	女	1991-8-22	英语	☑	有舞蹈特长	
09402010202	王国伟	男	1992-10-5	英语	☐	喜欢足球	
09407210101	何家月	女	1992-2-3	动画设计	☐		
09407210102	框蛟龙	男	1991-4-8	动画设计	☑		
09408210101	姚雄	男	1991-8-1	计算机	☐		
09408210102	谭平	女	1991-10-20	计算机	☐		

图 14 - 4　"学生"表视图

学号	课程号	成绩
09402010201	C0001	85
09402010202	C0001	78
09407210101	C0001	52
09407210101	C0002	90
09407210102	C0001	93
09407210102	C0002	71
09408210101	C0001	88
09408210101	C0002	58
09408210101	C0003	45
09408210101	C0004	95
09408210102	C0001	93
09408210102	C0002	76
09408210102	C0003	83
09408210102	C0004	84

课程号	课程名	学分
C0001	大学计算机基础	3.5
C0002	公共英语	6
C0003	高等数学	5
C0004	数据库原理	4

图 14 - 5　"课程"表视图　　　　　　图 14 - 6　"选课"表视图

6. 数据的筛选

在"学生"表中,筛选出系部为"计算机"的所有学生。

提示:数据的筛选功能在"开始"选项卡的"排序和分组"中。

7. 导出"选课"表中数据

以 Excel 工作簿的形式保存在计算机的 D 盘中,文件名为"Score. xlsx",并查看"Score. xlsx"中的数据。

提示:数据的导出功能在"外部数据"选项卡的"导出"中。

8. 数据库的维护与更新

(1) 备份数据库和数据表

① 在打开的数据库中,关闭所有表及查询、窗体。单击 Office 按钮,选择"另存为"命令,再选择"Access 2007 数据库",将打开的数据库另存名为"学生信息管理 2"。

② 将"学生"表复制("另存为")为"学生基本情况表 2"。

提示:单击 Office 按钮→"另存为"→"对象另存为"。

(2) 导出表中数据到文本文件

将"学生基本情况表 2"中的数据以文本文件的形式导出,文件名为"学生基本情况表 2. txt"。

提示:选择"外部数据"→"导出"→"导出为文本文件"命令,在打开的对话框中通过"浏览"按钮选择要保存的目录,输入文件名后,单击"确定"按钮。

(3) 通过文本文件导入记录

打开"学生基本情况表 2. txt",观察其内容的格式;新建一个文本文件,起名为"update. txt",在其中输入两条学生记录:

09402010241　张可鑫　男　英语　　TRUE　1990 - 02 - 03　湖南郴州一中
09408210136　王礼成　男　计算机　TRUE　1991 - 01 - 03　山西太原二中

将此两条记录导入到"学生基本情况表 2"中。

提示:选择"外部数据"→"导入"→"导入文本文件"命令,在打开的对话框中,通过"浏览"按钮选择要导入的文件,然后单击"确定"按钮。

(4) 导出记录到 Excel 文件

将"学生基本情况表 2"中的数据以 Excel 文件的形式导出,文件名为"学生基本情况表 2. xls"。

(5) 从 Excel 文件中导入记录

打开"学生基本情况表 2. xls",观察其行列的格式;新建一个 Excel 文件,起名为"update. xls",在其中输入两条学生记录:

09402010242　李可鑫　男　英语　TRUE　1991 - 04 - 06　湖南常德一中
09408210137　赵燕　女　计算机　TRUE　1991 - 01 - 03　山东济南一中

将此两条记录导入到"学生基本情况表 2"中。

提示:选择"外部数据"→"导入 Excel"命令,在打开的对话框中,通过"浏览"按钮选择要导入的文件,然后单击"确定"按钮。

14.1.4　课后思考与练习

1. 表的创建共有几种方法？每种表的创建方法有什么特点？

2. 在为"学生"表和"选课"表建立关系时，假如在编辑关系时选中"级联更新相关字段"，会有什么作用？

3. 假如你为了联系方便而建立一个"通讯录"数据库，想想应该怎么建？

14.2　数据库的查询、窗体和报表的建立

14.2.1　实验目的

1. 掌握在 Access 中创建查询的方法。

2. 熟悉基本的 SQL 语句。

3. 了解创建窗体和报表的方法。

14.2.2　实验环境

1. 微型计算机

2. Windows XP 操作系统

3. Office 2007 应用软件

14.2.3　实验内容与步骤

这个实验的数据是基于实验 14.1 中建立的数据库"学生信息管理 2"。

1. 使用向导创建查询

使用向导创建一个查询，从"学生"表和"课程"表中，查询学生选课的具体信息，包括"学号"、"姓名"和"课程名"等数据。具体操作步骤如下。

① 打开"学生信息管理 2"数据库，在"创建"选项卡的"其他"组中单击"查询向导"按钮。

② 在打开的"新建查询"对话框中，选择"简单查询向导"选项，然后单击"确定"按钮。

③ 打开"请确定查询中使用哪些字段"对话框，在"表/查询"下拉列表中选择"表:学生"。在"可用字段"列表框中，双击"学号"字段，该字段被发送到"选定的字段"列表框中（也可以先选中"学号"，然后单击按钮 ⟩ ）。接着选中"姓名"字段，把"姓名"字段发送到"选定的字段"列表框中。

④ 用同步骤③的方法在"课程"表中添加"课程名"字段，然后单击"下一步"按钮。

⑤ 在"确定采用明细查询还是汇总查询"对话框中，选择"明细"，继续单击"下一步"按钮。

⑥ 在打开的"请为查询指定标题"对话框中，设置标题为"学生选课 查询"，单击"完成"按钮。

Access 开始创建查询，并将结果显示出来。查询结果如图 14 - 7 所示。

2．使用视图创建查询

在"学生信息管理2"数据库中,使用视图创建一个查询,查询成绩优秀的学生的"学号"、"姓名"、"课程名"和"成绩"。

具体操作步骤如下。

① 打开"学生信息管理2"数据库,在"创建"选项卡的"其他"组中单击"查询设计"按钮,打开"查询设计视图"窗口,弹出"显示表"对话框。

② 在"显示表"对话框中,选中"学生"、"课程"和"选课"表,然后单击"添加"按钮,把这3个表添加到设计网格上部的"数据源区域"窗口中。添加后,这些表之间会自动显示出它们之间的"关系"。最后单击"关闭"按钮,关闭"显示表"对话框。

③ 在"学生"表中,把"学号"、"姓名"字段拖到设计网格中。用同样的方法把"课程"表中的"课程名"字段和"选课"表中的"成绩"字段添加到设计网格中(也可以选中一个字段后双击,字段将自动地添加到设计网格中)。

④ 在设计网格"成绩"列"条件"行的单元格中输入条件">=90"。

⑤ 在"创建"选项卡的"结果"组中单击视图按钮，打开"查询视图"窗口,显示查询结果,如图14-8所示。

⑥ 在快捷工具栏上单击"保存"按钮,打开"另存为"对话框,输入查询名称"成绩优秀学生",单击"确定"按钮。

图 14-7　学生选课查询结果

图 14-8　成绩优秀学生的查询结果

3．使用命令创建查询

(1) 在"学生信息管理2"数据库中使用SQL命令,查询所有学生的基本情况。

具体操作步骤如下。

① 打开"学生信息管理2"数据库,在"创建"选项卡上的"其他"组中,单击"查询设计"按钮,打开"查询设计视图"窗口,此时关闭"显示表"对话框。

② 在"设计"选项卡的"结果"组中,单击"SQL视图"(或者在查询窗口中单击鼠标右键,在弹出的快捷菜单中选择"SQL视图"),此时切换到"SQL视图"。

③ 在SQL视图中输入如下命令:

SELECT 学号,姓名,性别,出生年月,系部,贷款否,简历,照片 FROM 学生

因为 * 号可以表示所有的字段,所以上述语句可以改为

SELECT * FROM 学生

注意:输入的 SQL 命令中只能包含英文标点符号。

④ 单击工具栏上的运行按钮 ❗,执行 SQL 语句,得到查询的结果,如图 14 - 9 所示。

学号	姓名	性别	出生年月	系部	贷款否	简历	照片
09402010201	周文琴	女	1991-8-22	英语	☑	有舞蹈特长	
09402010202	王国伟	男	1992-10-5	英语	☐	喜欢足球	
09407210101	何家月	女	1992-2-3	动画设计	☐		
09407210102	框蛟龙	男	1991-4-8	动画设计	☑		
09408210101	姚雄	男	1991-8-1	计算机	☐		
09408210102	谭平	女	1991-10-20	计算机	☐		

图 14 - 9　执行查询后的结果

⑤ 单击快速访问工具栏中的“保存”按钮,保存查询。

(2) 在“学生信息管理 2”数据库中,使 SQL 命令查询系部为“英语”的所有学生的学号和姓名。

参考 SQL 语句如下:

SELECT 学号,姓名 FROM 学生 WHERE 系部 = "英语"

此时的查询结果如图 14 - 10 所示。

(3) 在“学生信息管理 2”数据库中,查询选修“大学计算机基础”课程的总人数和平均分。

参考 SQL 语句如下:

SELECT COUNT(*) AS 人数,AVG(成绩) AS 平均分
FROM 课程,选课
WHERE 课程名 = "大学计算机基础" AND 课程. 课程号 = 选课. 课程号

查询结果如图 14 - 11 所示。

图 14 - 10　执行查询“学生”后的结果　　　图 14 - 11　执行查询“人数和平均分”后的结果

(4) 用 DELETE 语句删除英语系的女生记录。

DELETE FROM 学生基本情况 1 WHERE 专业 = "英语" AND 性别 = "女"

(5) 在“成绩”表中,将学号为“09402010201”,课程号为“C0001”的成绩改为 86。

UPDATE 成绩 SET 成绩 = 86 WHERE 学号 = "09402010201" AND 课程号 = "C0001"

4. 创建窗体

在“学生信息管理 2”数据库中,使用“多个项目”的方法为“学生”表创建一个窗体。

具体操作步骤如下。

① 打开“学生信息管理 2”数据库,在导航窗口中选择“学生”表作为窗体的数据源。

② 在“创建”选项卡的“窗体”组中,单击“多个项目”按钮,窗体创建完成,如图 14 - 12 所示。

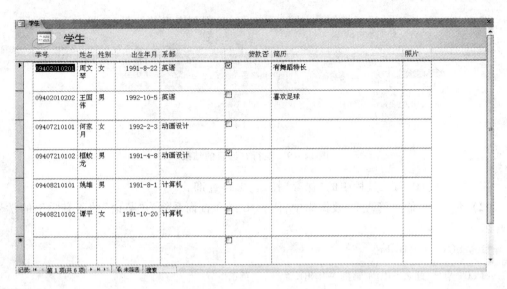

图 14 – 12　多个项目布局窗体

③ 在快捷工具栏中,单击"保存"按钮,在弹出的"另存为"对话框中,输入窗体的名称"学生基本情况",然后单击"确定"按钮。

5. 创建报表

在"学生信息管理 2"数据库中,按照"报表向导"的提示创建一个"按课程统计学生的成绩"报表。

具体操作步骤如下。

① 打开"学生信息管理 2"数据库,在"创建"选项卡的"报表"组中,单击按钮 📄 报表向导。打开"请确定报表中使用哪些字段"对话框,这时将数据源选定为"表:学生"。在"可用字段"列表中,依次双击"学号"、"姓名"。这时"学号"、"姓名"字段会添加到"选定字段"中。

② 用同样的方法把"课程"表的"课程名"字段、"选课"表中的"成绩"字段添加到"选定字段"中,单击"下一步"按钮。

③ 在接下来弹出的"请确定查看数据的方式"对话框中,选择"通过课程",然后单击"下一步"按钮。在接着的"是否添加分组级别"对话框中,继续单击"下一步"按钮。

④ 在打开的"请确定明细记录使用的排序次序和汇总信息"对话框中,确定报表的排序次序。这里选择"成绩"排序。单击"下一步"按钮,在打开的"请确定报表的布局方式"对话框中继续单击"下一步"按钮。

⑤ 在打开的"请确定所用样式"对话框中,确定报表所采用的样式。这里选择"North-wind"样式,单击"下一步"按钮。

⑥ 在打开的"请为报表指定标题"对话框中,按要求指定报表的标题。输入"按课程统计学生的成绩",选择"预览报表"选项,然后单击"完成"按钮。完成后的报表如图 14 – 13所示。

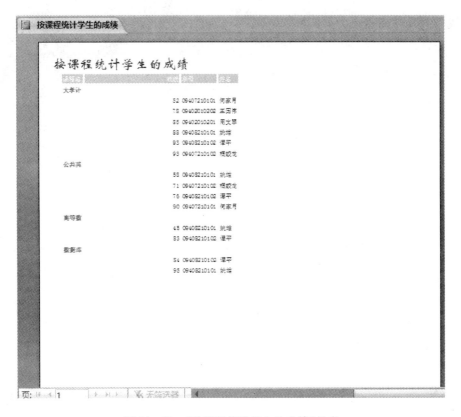

图 14 – 13　"按课程统计学生的成绩"报表

14.2.4　课后思考与练习

1. 在"学生信息管理"数据库中创建一个查询,查询所有学生的学号、姓名和年龄,并按照年龄从小到大排序。

2. 在"学生信息管理"数据库中创建一个查询,查询所有课程的成绩在 70 分以上的学生的学号和姓名。

3. 创建窗体和报表的方法有几种,各有什么特点? 请在 Access 数据库中动手试一下各种窗体的创建方法。

4. 输入记录的方式有直接在表中输入、文件导入方式和 SQL 语句输入等,对比一下哪种更方便?

5. 在表中输入记录后,假如发现有两条完全相同的记录,试分析其中的原因,并考虑应该如何处理?

第二部分　综合应用能力训练

第 15 章 综合应用能力训练

15.1 文件与文件夹管理

综合训练一

打开 D 盘上所建立的以班级名＿自己名字格式命名的文件夹,在其中建立如图 15 – 1 所示的目录和文件。

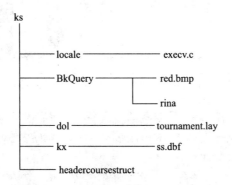

图 15 – 1 文件与文件夹管理综合训练一

根据以上目录树,完成下列操作。

1. 将 ks 文件夹下的 BkQuery 子文件夹中的文件 red. bmp 复制到子文件夹 rina 下。

2. 将 ks 文件夹下的 locale 子文件夹中的文件 execv. c 删除。

3. 将 ks 文件夹下的 dol 子文件夹中的文件 tournament. lay 改名为 particle. fsh。

4. 将 ks 文件夹下的 kx 子文件夹中的文件 ss. dbf 移动到子文件夹 headercourse-struct 中。

5. 在 ks 文件夹下新建一个名为 nfs5 的文件夹。

15.2 Word 图文混排

15.2.1 综合训练一

在 Word 中新建一个空白文档,按下列要求操作,结果以"test1. doc"为文件名保存到指定文件夹中。

1. 标题设置

　　按照如图15-2所示的样张设置艺术字标题。其中,艺术字选择艺术字库中的第1行第3列样式,字体设置为宋体,高度和宽度分别设置为2.6 cm和8.0 cm,颜色设置为黑色;标题旁边放置自选的图片,要求图片能与文章内容相呼应。此外,标题和图片下均加下划线。

　　2. 正文设置

　　正文字体设置为宋体,字号设置为小四;首行设置为缩进2个字符,行距设置为1.5倍,对齐方式设置为两端对齐。

　　正文中的其他格式按照图15-2所示的样张格式进行设置。其中,第一段加边框,第二、三、四段分3栏,设置30%灰度的底纹。最后一段按照样张所示,设置首字下层2行,段中的"结婚时……都要想得开"部分设置为繁体字,最后一句设置为背景闪烁。

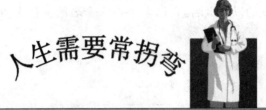

图15-2　Word图文混排综合训练一

15.2.2　综合训练二

在 Word 中新建一个空白文档,按下列要求操作,结果以"test2. doc"为名保存到指定的文件夹中。

1. 标题设置

按照图 15 – 3 所示的样张设置文章标题。

2. 正文设置

在第一段中插入样张图片,设置图片格式为四周环绕。第三、四、五段设置成分栏效果,分两栏,设置分割线。文中的"贝多芬"下加下划线。此外,为最后一段设置30%灰度的底纹。最后,为文档设置页眉和页脚。

第1页　　　　　　　　　　　　　　　　　　　　　· 艺术与哲学的断想 ·

想象力与音乐

想象力恐怕是人类所特有的一种天赋。其他动物缺乏想象力,所以不会有创造。在人类一切创造性的活动中,尤其是科学、艺术和哲学创作,想象力都占有重要的地位。因为所谓人类的创造并不是别的,而是想象力产生出来的最美妙的作品。

如果音乐作品能像一阵秋风,在你的心底激起一些诗意的幻想和一缕缕真挚的思恋精神家园的情怀,那就不仅说明这部作品是成功的,感人肺腑的,而且也说明你真的听懂了它,说明你和作曲家、演奏家在感情上发生了深深的共鸣。

音乐这门抽象的艺术,本是一个充满着诗情画意、浮想连翩的幻想王国。这个王国的大门,对于一切具有音乐想像力、多少与作曲家有着相应内在生活经历和心路历程的听众,都是敞开着的,就像秋光千里、白云蓝天对每个人都是敞开的一样。

贝多芬的田园交响乐,只对那些内心向往着大自然的景色(暴风雨、蜿蜒的小溪、鸟鸣、树林和在微风中摇曳的野草闲花……)的灵魂才是倍感亲切的。或者说,只有那些多少懂得自然界具有内在精神价值的人,才能在田园交响乐的旋律中获得慰藉和精神力量,才能用自己的想象力建造自己的精神家园。因为说到底,想象力的最大用处就是建造人的精神家园,找到安身立命的地方。

音乐的本质,实在是人的心灵借助于想象力,用曲调、节奏和和声表达自己怀乡、思归和寻找精神家园的一种文化活动。

---

i 贝多芬(1770—1827) 德国作曲家,维也纳古典乐派代表人物之一

图 15 – 3　Word 图文混排综合训练二

15.3　Word 表格制作

15.3.1　综合训练一

在 Word 中新建一个空白文档,按下列要求操作,结果以"test3. doc"为名保存到指定的

文件夹中。

1．在此文档中插入一个表格。

2．将新表格调整为如表 15－1 所示的格式。

表 15－1   Word 表格制作综合训练一

系别	计科院					班级	9502	
姓名	课程名称					总分	平均分	
	高数	物理	英语	计算机	体育			
张明	80	67	86	90	88			

3．用插入空行的方法输入 10 名学生的成绩。

4．表格中数据的计算：

① 将插入点移至 G4 单元格，即"张明"的总分。

② 选择"表格"菜单中的"公式"命令，打开"公式"对话框。

③ 在"公式"文本框中填入" ＝SUM(B4∶F4)"。

④ 单击"确定"按钮，此时 G4 ＝B4 ＋C4 ＋D4 ＋E4 ＋F4。

⑤ 将插入点移至 H4 单元格，即"张明"的平均分。

⑥ 选择"表格"菜单中的"公式"命令，打开"公式"对话框。

⑦ 清除"公式"文本框中的内容，单击"粘贴函数"右侧的下拉按钮。

⑧ 单击"AVERAGE"使其粘贴到"公式"框中，修改为：＝AVERAGE(B4∶F4)。

⑨ 单击"确定"按钮，此时 H4 ＝(B4 ＋C4 ＋D4 ＋E4 ＋F4)/4。再计算其他数据。

5．试用"表格"菜单"自动套用格式"命令中列举的格式，对上述表格进行格式转换，观察格式的变化。

6．按总分对上述学生进行排序。

7．保存学生成绩表。

15.3.2   综合训练二

在 Word 中新建一个空白文档，按照下列要求操作，结果以"test4. doc"为名保存到指定的文件夹中。

1．插入 10 行 5 列的表格。

2．按照如表 15－2 所示的样表格式对新建表格的部分单元格进行合并，并录入文字内容。

3．将表格第一行的行高设置为 1 cm，字体设置为黑体，小三号，其他行的行高设置为 0.5 cm。

4．将表格所有文字的对齐方式设置为中部居中，文字大小设置为小四号。

5．对表格加上 2.25 磅的外边框，将"备注"以下的单元格设置为 12.5% 灰度的底纹。

6．新建表格：在该表格之后，新建一个 3 行 5 列的表格。

7．画斜线：在新建表格左上角的单元格中添加"样式二"斜线表头。

表 15 - 2　Word 表格制作综合训练二

工作进度报告表

单位	工序	进度	完成时间	备注
一车间	铸模	100%	7.10	废品率1%
	去毛刺	100%	7.15	
	热效处理	100%	7.22	
五车间	车外圆	100%	7.29	废品率1.5%
	钻孔	100%	8.6	
	攻螺纹	100%	8.10	
	热处理	100%	8.17	
三车间	磨外表面	100%	8.25	废品率0.7%

15.4　Excel 数据处理

15.4.1　综合训练一

在 Excel 中新建一个空白工作簿,并保存为"学生成绩表"。以下 3 个实验内容全部建立在"学生成绩表"的基础上。

在"学生成绩表"中输入如表 15 - 3 所示的学生成绩表。

表 15 - 3　学生成绩表

学号	姓名	性别	高数	英语	计算机	总分
030101	张立红	女	79	83	90	
030201	王云刚	男	85	90	94	
030105	吴起	男	90	73	79	
030106	刘阳	女	92	80	86	
030204	李冬青	男	68	78	88	
030209	杨帆	男	82	79	89	

注意:"030201"为字符串形式,表示 2003 级 02 班 01 号。

1. Excel 的数据运算

① 用直接引用、填充柄的方法求出各学生的总分。

② 用 SUM( ) 函数及 AVERAGE( ) 函数求出所有学生的三门课程的总分和平均分。

③ 按每个学生的总分从高到低进行排序,增加"名次"一列,形成一个名次表,并标明每个学生的名次。

④ 统计各班男、女学生各门课程的平均分。

⑤ 统计各班男、女学生各门课程的总分。

2. 制作 Excel 图表

① 选定"姓名"、"高数"、"计算机"3 个字段。

② 利用图表向导创建图表。

③ 选择图表类型为"柱形图"及子类型中的第一个类型。

④ 练习图表的修改。

3. 分析和处理工作表数据

① 按"学生成绩表"建立数据清单。

② 按学号顺序重新进行排序。

③ 查找"高数"分数在 80 ~ 90 之间的男学生的姓名。

④ 分别统计各班男、女学生各门课程的平均成绩。

15.4.2 综合训练二

在 Excel 中新建一个空白工作簿,并保存为"设备分配清单"。将"设备分配清单"按照如表 15 – 4 所示的格式进行输入,按下列要求进行操作。

表 15 – 4 Excel 数据处理综合训练二

设备名称	单位	单价(元)	数量	金额(元)
服务器	信息处	40,000	2	
工作站	综合处	22,000	2	
工作站	命题处	22,000	1	
工作站	职协	22,000	1	
笔记本	职协	30,000	1	
笔记本	中国培训	30,000	1	
笔记本	命题处	30,000	1	
激光打印机	考核处	5,000	1	
总计				

1. 公式(函数)应用。使用 Sheet1 工作表中的表格,并将 Sheet1 工作表中的内容复制到 Sheet2,Sheet3 中,计算金额和总计,结果分别放在相应的单元格中。

2. 数据排序。使用 Sheet2 工作表中的表格,以"单位"为关键字,以"单价"为次关键字,按递增方式排序。

3. 数据筛选。使用 Sheet3 工作表中的表格,筛选出表格中"单价"大于 22 000 元的各行。

4. 生成图表。使用 Sheet1 工作表中的表格,生成数据图表,并设定好图表标题、分类(X)轴和数值(Y)轴。

5. 格式操作:使用 Sheet1 和 Sheet2 工作表中的表格,为表格加上边框,并为标题行加上 25%灰度的底纹。

15.4.3 综合训练三

1. 在 Excel 中新建一个空白工作簿,并保存为"NBA 新星××2004 年 3 月技术统计"。在"NBA 新星××2004 年 3 月技术统计"表中按照如表 15-5 所示的格式进行输入。

表 15-5 NBA 新星××2004 年 3 月技术统计表

NBA 新星××2004 年 3 月技术统计					
日期	对手	出场时间	得分	篮板	盖帽
4 日	湖人	37	33	8	1
6 日	森林狼	32	27	6	0
8 日	小牛	38	210	10	3
10 日	快船	32	110	10	2
12 日	黄蜂	28	17	10	2
14 日	灰熊	34	17	11	3
16 日	太阳	44	210	110	6
平均					
合计					

2. 将标题"NBA 新星××2004 年 3 月技术统计"(第一行)设置为加粗,字号设置为 12,合并标题所在行的相关单元格,并将标题设置为居中。

3. 用函数计算××平均出场时间、得分、篮板次数和盖帽次数,结果保留 2 位小数;用函数计算合计值(不含平均值)。

4. 插入图表,选择簇状柱形图,数据区域为 A2:F9,系列产生在列,图表标题为"技术统计图"。

5. 图表放在 A13:F25 区域内,把 Sheet1 改名为"技术统计表"。

15.5 PowerPoint 演示文稿制作

15.5.1 综合训练一

在 PowerPoint 中新建一个新的演示文稿文件,保存为"test1.ppt",并按下列要求操作。
注意:"test1.ppt"文件中的各对象不能随意删除和添加。
1. 将演示文稿所有幻灯片的切换方式设置为"向左擦除"。
2. 设置第一张幻灯片的标题为"学校简介",字体大小设置为 36 磅。
3. 设置第二张幻灯片的背景图案为"深色上对角线",版式设置为"垂直排列文本"。
4. 第三张幻灯片后插入一张版式为只有标题的新幻灯片,并输入标题"谢谢!"。

5．设置整个文本档的幻灯片高度为"8.5英寸"。

15.5.2　综合训练二

在 PowerPoint 中新建一个新的演示文稿文件，保存为"test2.ppt"，并按下列要求操作。

注意："test2.ppt"文件中的各对象不能随意删除和添加。

1．在第一张幻灯片中输入标题"湖南工业大学"，字体大小设置为 28 磅，其他设置不变。

2．在第二张幻灯片的文本框中输入文字，段间行距设置为 2 行。

3．在第三张幻灯片的剪贴画中加入电子邮件超链接"admin@hut.edu.cn"。

4．设置第三张幻灯片的文本框中的"2010 年 1 月"的字体为华文中宋，字号不变。

5．设置文档的应用设计模板为"Notebook"。

15.5.3　综合训练三

制作一个文件名为"我的作品.ppt"的演示文稿，要求：

1．由 3 张幻灯片组成。

2．设置包含有"湖南工业大学"字样作为水印的母版。

3．每张幻灯片都至少包含一个大标题。

4．将第三张的大标题设置为从上飞入的动画形式。

5．在第三张中使用竖排文本标题，标题要有两个层次。

6．将第二张幻灯片的背景设置为"红日西斜"过渡色。

7．在第一张幻灯片中设置一行文字，单击该行文字时可跳到第三张幻灯片放映。

8．将第二张到第三张的切换形式设置为"纵向棋盘"慢速方式。

9．设置该演示为循环放映形式。

15.6　Internet 信息检索

1．检索你希望工作的城市中 5 个与你所学专业相关的单位信息。

2．检索纽约、伦敦、香港的原油价格信息。

3．利用中国知网(CNKI)检索一篇与你所学专业相关的论文，且作者是湖南工业大学的教师。

4．利用中国知网(CNKI)进行检索，试比较下面不同关键词检索的结果，时间为 2000 ~ 2010 年，分别写出检索出的条目数。

(1)"氟里昂"与"氟利昂"

(2)"天然资源"与"可再生资源"

5．利用万方学位论文库检索一篇 2005 年以来湖南工业大学计算机专业的硕士学位论文(检索结果包括摘要和全文)。

6．请利用中国知网(CNKI)检索吴文俊的《数学机械化研究回顾与展望》一文在《系统科学与数学》哪一年哪一期上发表。

7．以"心理咨询"为关键词利用中国期刊全文数据库进行检索，比较不同专栏目录所收录的情况,并写出检索出的条目数。

（1）全选

（2）选理工 B 辑

（3）选理工 A、B、C 辑

（4）选文史哲辑

（5）选医药卫生辑

8．通过"中国科技论文在线"下载标题含有"计算机"的文章一篇。

9．查找"殨"字的读音和解释,并写出网页链接地址。

10．利用超星数字图书馆的图书分类目录查找与本专业相关的一种最新图书,并写出该书的外部特征。

11．在德国 Springer 公司期刊数据库中查找 *Education and Information Technologies* 这本期刊,并在此期刊内检索关于 information literacy 的论文。

12．在美国 EBSCO 公司的 EBSCOhost 数据库中查找出近三年有关研究 global warming 的图片。

13．查找出 2009 年 11—12 月中国利用外资的统计数据。

附　　录

附录 A　Windows 通用快捷键

以下各键在 Windows 中都可通用。

1. 系统键

快　捷　键	功　　能
F1	启动应用程序的帮助系统
Ctrl + Esc	打开任务列表
Alt + Esc	切换到下一个应用程序,不管该应用程序是以活动窗口的形式运行,还是以图标的形式运行
Alt + Tab	切换到最近使用过的应用程序,或者切换到任何一个应用程序,按 Alt + Esc 键返回原来的程序
Shift + Alt + Tab	按住 Shift + Alt 键,并反复按 Tab 键,切换到前一个应用程序;按 Alt + Esc 键返回原来的程序
Pint Screen	把屏幕截图复制到剪贴板上,对于非 Windows 程序只在文本方式下有效
Alt + Print Screen	把活动窗口截图复制到剪贴板上
Alt + Space	打开应用程序窗口的控制菜单
Alt + F4	退出应用程序或关闭窗口
Ctrl + F4	关闭活动的程序组窗口和文档窗口
Alt + Enter	非 Windows 应用程序在窗口和全屏幕之间切换

2. 菜单键

快　捷　键	功　　能
Alt 或 F10	激活或不激活菜单栏中的第一个菜单
Alt + _	选择菜单或命令
←或→	在菜单之间左、右移动
↓或↑	在菜单的命令之间上、下移动
Enter	选择已选定的菜单名或命令
Esc	撤销已选定的菜单名,或关闭打开的菜单

3. 对话框键

快　捷　键	功　　能
Tab	从一个选项移至下一个选项
Shift + Tab	从一个选项移至前一个选项
Alt + _	移至此字符所处的选项
Alt + ↓	打开一个下拉式列表框
Space	在列表框中选定或撤销一个选定项;选定或撤销一个选择框
Ctrl + \	除了当前选定项之外,撤销列表中其余所有的选定项
Ctrl + /	选定列表中的所有项
Shift + 方向键	在文本框中扩展或撤销选定,每次一个字符
Shift + Home	在文本框中扩展或撤销选定,直至第一个字符
Shift + End	在文本框中扩展或撤销选定,直至最后一个字符

4. 光标移动键

快　捷　键	功　　能
↑或↓	移至上一行/移至下一行
←或→	向左移动一个字符/向右移动一个字符
Ctrl + ←　Ctrl + →	向左移动一个单词/向右移动一个单词
Home 或 End	移至行首/移至行尾
Ctrl + home 或 Ctrl + End	移至文件首/移至文件尾
Page Up/Page Down	向上翻一屏/向下翻一屏

5. 编辑键

快　捷　键	功　　能
Back Space	删除插入点左边的字符或选定文本
Delete	删除插入点右边的字符或选定文本
Ctrl + Insert 或 Ctrl + C	复制选定文本到剪贴板中
Shift + Delete 或 Ctrl + X	删除选定文本到剪贴板中
Ctrl + Z 或 Alt + Back Space	撤销已完成的最近一个编辑操作
Shift + Insert 或 Ctrl + V	将剪贴板内容粘贴到当前窗口的插入点处

6. 文本选定键

快 捷 键	功 能
Shift + ↑ 或 Shift + ↓	向上/向下选定一行文本
Shift + Page Up 或 Shift + Page Down	上/下一屏幕的所有文本
Ctrl + Shift + ← 或 Ctrl + Shift + →	向左/右移一个单词
Ctrl + Shift + Home 或 Ctrl + Shift + End	到文件开始/结尾的所有文本

7. 中文输入键

快 捷 键	功 能
Ctrl + Space	中、西文输入方式切换（打开或关闭汉字输入提示行）
Ctrl + Shift	在已安装的各种输入法之间切换
Shift + Space	中文输入全角、半角切换

8. 操作驱动器图标键

快 捷 键	功 能
Tab 或 F6	在目录树、目录内容和驱动器图标间移动
Ctrl + 驱动器字母	选定字母所指的驱动器
← 或 →	在驱动器图标间移动
Space	改变驱动器
Enter	开一个新的目录窗口,显示选定驱动器内容

附录 B 常用 Word 快捷键

1. 设置字符格式

快 捷 键	功 能
Ctrl + Shift + F	改变字体
Ctrl + Shift + P	改变字号
Ctrl + Shift + >	增大字号
Ctrl + Shift + <	减小字号
Ctrl +]	逐磅增大字号
Ctrl + [	逐磅减小字号
Ctrl + D	改变字符格式(字体)
Shift + F3	改变大小写
Ctrl + Shift + A	将所有字母改为大写
Ctrl + B	应用加粗格式
Ctrl + U	应用下划线
Ctrl + Shift + W	只给字词加下划线
Ctrl + Shift + D	给文字添加双下划线
Ctrl + Shift + H	应用隐藏文字格式
Ctrl + I	应用倾斜格式
Ctrl + Shift + K	将字母变为小型大写字母
Ctrl + =	应用下标格式(自动间距)
Ctrl + Shift + +	应用上标格式(自动间距)
Ctrl + Space	取消人工字符格式
Ctrl + Shift + Q	将所选内容改为 Symbol 字体
Ctrl + Shift + *	显示非打印字符
Shift + F1 + 需了解其格式的文字	了解文字格式
Ctrl + Shift + V	粘贴格式
Ctrl + Shift + C	复制格式

2. 设置段落格式

快 捷 键	功 能
Ctrl + 1	单倍行距
Ctrl + 2	双倍行距
Ctrl + 5	1.5 倍行距
Ctrl + 0	在段前添加一行间距

3. 设置段落对齐方式和缩进

快 捷 键	功 能
Ctrl + E	段落居中
Ctrl + J	两端对齐
Ctrl + L	左对齐
Ctrl + R	右对齐
Ctrl + Q	取消段落格式

4. 应用样式

快 捷 键	功 能
Ctrl + Shift + S	应用样式
Alt + Ctrl + K	启动"自动套用格式"
Ctrl + Shift + N	应用"正文"样式
Alt + Ctrl + 1	应用"标题1"样式
Alt + Ctrl + 2	应用"标题2"样式
Alt + Ctrl + 3	应用"标题3"样式
Ctrl + Shift + L	应用"列表"样式

5. 用于处理文档的按键

快 捷 键	功 能
Ctrl + N	创建新文档
Ctrl + O	打开文档
Ctrl + W	关闭文档
Alt + Ctrl + S	拆分文档
Ctrl + S	保存文档
Alt + F4	退出 Word
Ctrl + F	查找文字、格式和特殊项
Alt + Ctrl + Y	重复查找
Ctrl + H	替换文字、特殊格式和特殊项
Ctrl + G	定位
Alt + Ctrl + Z	返回
Alt + Ctrl + Home	浏览文档
Ctrl + Z	撤销操作

续表

快　捷　键	功　能
Ctrl + Y	恢复或重复操作
Alt + Ctrl + P	切换到页面视图
Alt + Ctrl + N	切换到普通视图
Ctrl + \	在主控文档和子文档之间移动
Ctrl + F9 或 Ctrl + F10	调整窗口大小
Ctrl + Shift + F6	切换窗口

附录 C　常用 Excel 快捷键

1. 在工作表中移动

快　捷　键	功　　能
Ctrl + 方向键	移动至当前数据区域的边缘
Home	移动至行首
Ctrl + Home	移动至工作表的开头
Ctrl + End	移动至工作表的最后一个单元格
Page Down	向下移动一屏
Page Up	向上移动一屏
Alt + Page Down	向右移动一屏
Alt + Page Up	向左移动一屏
Ctrl + Page Down	移动至工作簿中下一个工作表
Ctrl + Page Up	移动至工作簿中前一个工作表
Ctrl + F6 或 Ctrl + Tab	移动至下一工作簿或窗口
Ctrl + Shift + F6	移动至前一工作簿或窗口
F6	移动至已拆分工作簿中的下一个窗格
Shift + F6	移动至被拆分的工作簿中的上一个窗格
Ctrl + Back Space	滚动并显示活动单元格
F5	显示"定位"对话框
Shift + F5	显示"查找"对话框
Shift + F4	重复上一次"查找"操作
Tab	在保护工作表中的非锁定单元格之间移动

2. 处于 END 模式时在工作表中移动

快　捷　键	功　　能
End	打开或关闭 End 模式
End, 方向键	在一行或列内以数据块为单位移动
End, Home	移动至工作表的最后一个单元格
End, Enter	在当前行中向右移动至最后一个非空白单元格

3. 处于"滚动锁定"模式时在工作表中移动

快 捷 键	功 能
Scroll Lock	打开或关闭滚动锁定
Home	移动至窗口中左上角处的单元格
End	移动至窗口中右下角处的单元格
↑或↓	向上或向下滚动一行
←或→	向左或向右滚动一列

4. 预览和打印文档

快 捷 键	功 能
Ctrl + P	显示"打印"对话框
方向键	当放大显示时,在文档中移动
Page Up	当缩小显示时,在文档中每次滚动一页
Ctrl + ↑	当缩小显示时,滚动至第一页
Ctrl + ↓	当缩小显示时,滚动至最后一页

5. 用于工作表、图表和宏

快 捷 键	功 能
Shift + F11	插入新工作表
F11 或 Alt + F1	创建使用当前区域的图表
Alt + F8	显示"宏"对话框
Alt + F11	显示"Visual Basic 编辑器"
Ctrl + F11	插入 Microsoft Excel 4.0 宏工作表
Ctrl + Page Down	移动至工作簿中的下一个工作表
Ctrl + Page Up	移动至工作簿中的上一个工作表
Shift + Ctrl + Page Down	选择工作簿中当前和下一个工作表
Shift + Ctrl + Page Up	选择当前工作簿或上一个工作簿

6. 选择图表工作表

快 捷 键	功 能
Ctrl + Page Down	选择工作簿中的下一个工作表
Ctrl + Page Up,End,Shift + Enter	选择工作簿中的上一个工作表

7. 在工作表中输入数据

快 捷 键	功 能
Enter	完成单元格输入并在选定区域中下移
Alt + Enter	在单元格中换行
Ctrl + Enter	用当前输入项填充选定的单元格区域
Shift + Enter	完成单元格输入并在选定区域中上移
Tab	完成单元格输入并在选定区域中右移
Shift + Tab	完成单元格输入并在选定区域中左移
Esc	取消单元格输入
Back Space	删除插入点左边的字符,或删除选定区域
Delete	删除插入点右边的字符,或删除选定区域
Ctrl + Delete	删除插入点至行末的文本
方向键	向上、下、左、右移动一个单元格
Home	移至行首
F4 或 Ctrl + Y	重复最后一次操作
Shift + F2	编辑单元格批注
Ctrl + Shift + F3	由行或列标志创建名称
Ctrl + D	向下填充
Ctrl + R	向右填充
Ctrl + F3	定义名称

8. 设置数据格式

快 捷 键	功 能
Alt + '(撇号)	显示"样式"对话框
Ctrl + 1	显示"单元格格式"对话框
Ctrl + Shift + ~	应用"常规"数字格式
Ctrl + Shift + $	应用带两个小数位的"货币"格式
Ctrl + Shift + %	应用不带小数位的"百分比"格式
Ctrl + Shift + ^	应用带两个小数位的"科学记数"数字格式
Ctrl + Shift + #	应用"年 – 月 – 日"的"日期"格式
Ctrl + Shift + @	应用类型为"小时:分钟"的"时间"格式,并标明上午或下午
Ctrl + Shift + !	应用具有千位分隔符且负数用负号(–)表示
Ctrl + Shift + &	应用外边框

快 捷 键	功 能
Ctrl + Shift + _	删除外边框
Ctrl + B	应用或取消字体加粗格式
Ctrl + I	应用或取消字体倾斜格式
Ctrl + U	应用或取消下划线格式
Ctrl + 5	应用或取消删除线格式
Ctrl + 9	隐藏行
Ctrl + Shift + (	取消隐藏行
Ctrl + 0(零)	隐藏列
Ctrl + Shift +)	取消隐藏列

9. 编辑数据

快 捷 键	功 能
F2	编辑活动单元格并将插入点放置到线条末尾
Esc	取消单元格或编辑栏中的输入项
Back Space	编辑活动单元格并清除其中原有的内容
F3	将定义的名称粘贴到公式中
Enter	完成单元格输入
Ctrl + Shift + Enter	将公式作为数组公式输入
Ctrl + A	在公式中键入函数名之后,显示公式选项板
Ctrl + Shift + A	在公式中键入函数名后为该函数插入变量名和括号
F7	显示"拼写检查"对话框。

10. 插入、删除和复制选中区域

快 捷 键	功 能
Ctrl + C	复制选定区域
Ctrl + X	剪切选定区域
Ctrl + V	粘贴选定区域
Delete	清除选定区域的内容
Ctrl + -(连字符)	删除选定区域
Ctrl + Z	撤销最后一次操作
Ctrl + Shift + +(加号)	插入空白单元格

11. 在选中区域内移动

快 捷 键	功 能
Enter	在选定区域内由上往下移动
Shift + Enter	在选定区域内由下往上移动
Tab	在选定区域内由左往右移动
Shift + Tab	在选定区域内由右往左移动
Ctrl + Period	按顺时针方向移动至选定区域的下一个角
Ctrl + Alt + →	右移至非相邻的选定区域
Ctrl + Alt + ←	左移至非相邻的选定区域

12. 选择单元格、列或行

快 捷 键	功 能
Ctrl + Shift + *	选定当前单元格周围的区域
Shift + 方向键	将选定区域扩展一个单元格宽度
Ctrl + Shift + 方向键	选定区域扩展至单元格同行或同列的最后非空单元格
Shift + Home	将选定区域扩展至行首
Ctrl + Shift + Home	将选定区域扩展至工作表的开始
Ctrl + Shift + End	将选定区域扩展至工作表的最后一个使用的单元格
Ctrl + Space	选定整列
Shift + Space	选定整行
Ctrl + A	选定整个工作表
Shift + Back Space	如果选定了多个单元格,则只选定其中的单元格
Shift + Page Down	将选定区域向下扩展一屏
Shift + Page Up	将选定区域向上扩展一屏
Ctrl + Shift + Space	选定了一个对象,选定工作表上的所有对象
Ctrl + 6	在隐藏对象、显示对象与对象占位符之间切换
Ctrl + 7	显示或隐藏"常用"工具栏
F8	使用方向键启动扩展选定区域的功能
Shift + F8	将其他区域中的单元格添加到选定区域中
Scroll Lock , Shift + Home	将选定区域扩展至窗口左上角的单元格
Scroll Lock , Shift + End	将选定区域扩展至窗口右下角的单元格

13. 处于 End 模式时展开选中区域

快 捷 键	功 能
End	打开或关闭 End 模式
End, Shift + 方向键	将选定区域扩展至单元格同列或同行的最后非空单元格
End, Shift + Home	将选定区域扩展至工作表上包含数据的最后一个单元格
End, Shift + Enter	将选定区域扩展至当前行中的最后一个单元格

14. 选择含有特殊字符单元格

快 捷 键	功 能
Ctrl + Shift + *	选中活动单元格周围的当前区域
Ctrl + /	选中当前数组,此数组是活动单元格所属的数组
Ctrl + Shift + O	选定所有带批注的单元格
Ctrl + \	选择行中不与该行内活动单元格的值相匹配的单元格
Ctrl + Shift + l	选中列中不与该列内活动单元格的值相匹配的单元格
Ctrl + [	选定当前选定区域中公式的直接引用单元格
Ctrl + Shift + {	选定当前选定区域中公式直接或间接引用的所有单元格
Ctrl +]	只选定直接引用当前单元格的公式所在的单元格
Ctrl + Shift + }	选定所有带有公式的单元格,这些公式直接或间接引用当前单元格
Alt + ;	只选定当前选定区域中的可视单元格

附录 D 常用 DOS 命令及使用

1. DOS 的概况

常见的 DOS 有两种,即 IBM 公司的 PC – DOS 和微软公司的 MS – DOS,它们的功能和命令格式都相同,一般常用的是 MS – DOS。

自从 DOS 于 1981 年问世以来,版本就不断更新,从最初的 DOS 1.0 升级到了最新的 DOS 8.＊(Windows 系统),纯 DOS 的最高版本为 DOS 6.22,这以后的新版本 DOS 都是由 Windows 系统所提供的,并不单独存在。

DOS 在计算机操作系统的发展史上起到了举足轻重的作用,使用 DOS 命令有时候比 Windows 还要方便、快捷。

2. DOS 的基础知识

(1) DOS 的组成

DOS 分为核心启动程序和命令程序两个部分。

DOS 的核心启动程序有 Boot 系统引导程序、io. sys、msdos. sys 和 command. com。它们是构成 DOS 系统最基础的部分,有了它们系统就可以启动。但光有启动程序还不行,DOS 作为一个字符型的操作系统,一般的操作都是通过命令程序来完成的。

DOS 命令分为内部命令和外部命令。内部命令是一些常用而占用空间不大的命令程序,如 dir、cd 等,它们存在于 command. com 文件中,会在系统启动时加载到内存中,以方便调用。而其他的一些外部命令则以单独的可执行文件存在,在使用时才被调入内存。

在计算机中,＊. com 和 ＊. exe 都是可执行的程序文件,一般来讲,＊. exe 文件为软件执行程序,而 ＊. com 文件则为命令程序。

(2) DOS 的系统提示符

DOS 启动后,会显示"C：＞"以及一个闪动的"_"光标,这是 DOS 的系统提示符,它表示当前所在的盘符和目录,可以输入"[盘符]："来进行转换,例如"A："、"E："。这里需要注意的是,输入的盘符一定要是存在的。

(3) 文件及目录

DOS 系统以文件的形式来管理数据。文件的相关规定和 Windows 相同,每个文件都有文件名,文件名由主文件名和扩展名两部分组成,中间以圆点隔开。

DOS 6.22 及其以前版本最多仅支持 8 个字符的主文件名和 3 个字符的扩展名,字母、汉字、数字和一些特殊符号如"！"、"＠"、"＃"都可以作为文件名,但不能有"/"、"\"、"|"、"："、"？"等符号。

为了方便用户进行操作,DOS 还允许使用通配符。所谓通配符,就是"？"与"＊"这两个符号,它们可以用来代替文件名中的某些字符。"？"代表一个合法的字符或空字符,例如"xy？a.exe"文件就可以表示"xyza.exe"、"xyaa.exe"、"xyxa.exe"等。

在 DOS 系统中,以文件形式管理数据,文件夹被称为目录。对文件夹的相关操作都称为目录操作。

(4) Windows 操作系统下进入 DOS 的方法

图形界面的 Windows 操作系统是从简单的 DOS 字符界面发展过来的,虽然 DOS 操作系统使用起来不如 Windows 操作系统方便、快捷,但是字符界面的 DOS 命令(一般称之为命令提示符)仍然是非常有用的。在 Windows 中使用 DOS 命令可以在命令提示符窗口中进行。打开命令提示符窗口的方法有:

①　选择"开始"→"程序"→"附件"→"命令提示符",即可打开命令提示符窗口。

②　选择"开始"→"运行"命令,打开"运行"对话框,输入"cmd"(图 D-1)并确定,也可打开命令提示符窗口。

图 D-1

③　选择"开始"→"搜索"→"文件或文件夹"命令,在"搜索结果"窗口左侧输入"cmd. exe"或"command. com",搜索到后,双击该文件,亦可打开命令提示符窗口。

3. 常用 DOS 命令及使用

(1) 内部命令

命令	功能	用法
dir	显示磁盘文件目录	dir[drive:][path]
md	建立子目录	md[drive:]newpath
cd	改变当前目录	cd[drive:]newpath
rd	删除一个空目录	rd[drive:]path
path	规定文件的搜索路径	一般在 autoexec. bat 中进行设置
copy	文件复制命令	其用法非常广泛
type	显示文件的内容	type [drive:][path]filename
del	删除文件命令	del[drive:][path]filename
ren	文件重新命名	ren[drive:][path]oldname newname
cls	清屏命令	cls

(2) 外部命令

命令	功能	用法
format	格式化命令	format[drive:]/s/q
diskcopy	软盘复制命令	diskcopy[olddrive:][newdrive:]

续表

命令	功能	用法
attrib	文件属性的设置命令	attrib　［＋r｜－r］［＋s｜－s］ 　　　　［＋a｜a］［＋h｜－h］ 　　　　［drive：］［path］filename
xcopy	目录和文件一起复制	xcopy［drive：］\. ［drive：］\. ／s
chkdsk	检查文件目录和文件分配表	略
time	查询或修改系统时间命令	time
date	查询或修改系统日期命令	date
prompt	系统提示符的修改命令	一般在 autoexec. bat 中使用
print	以后台方式打印文件	略
批处理	它是一组由 DOS 自动执行的指令的组合	copy　con　filename. bat

4. 使用技巧

① 每条 DOS 命令一般情况下都写在同一行,且每条命令都用 Enter 键来确认。

② 查找命令时,可以在命令提示符下输入命令"help",系统会列举出相关的 DOS 命令,如图 D－2 所示。

图 D－2

③ 如果不清楚命令具体的使用方法,可以在命令提示符下输入该命令,并加参数"/?",即可看到相应的使用帮助。

例如,在命令提示符下输入"dir/?",即显示如图 D–3 所示的结果。

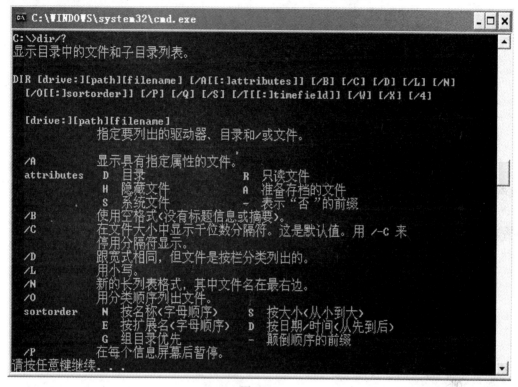

图 D–3

参 考 文 献

[1] 王移芝.大学计算机基础实验教程[M].2 版.北京:高等教育出版社,2006.

[2] 陆汉权.大学计算机基础教程[M].杭州:浙江大学出版社,2006.

[3] 杨振山.大学计算机基础上机实验指导与测试[M].北京:高等教育出版社,2004.

[4] 安晓飞.大学计算机基础实训[M].北京:高等教育出版社,2008.

[5] 张强.Access 2007 入门与实践教程[M].北京:电子工业出版社,2007.

[6] 教育部高等学校计算机基础课程教学指导委员会.高等学校计算机基础教学发展战略研究报告暨计算机基础课程教学基本要求[M].北京:高等教育出版社,2009.

[7] 施荣华,王小玲.大学计算机基础学习与实验指导[M].北京:高等教育出版社,2005.

[8] 老松杨,吴玲达.多媒体技术教程[M].北京:人民邮电出版社,2005.

[9] 王敏珍.大学计算机基础实验指导[M].北京:人民邮电出版社,2008.

[10] 冯博琴.大学计算机基础实验指导[M].北京:高等教育出版社,2004.

[11] 蒋加伏.大学计算机基础实践教程[M].北京:人民邮电出版社,2007.

[12] 王志强.计算机导论实验指导书[M].北京:电子工业出版社,2007.

郑重声明

高等教育出版社依法对本书享有专有出版权。任何未经许可的复制、销售行为均违反《中华人民共和国著作权法》,其行为人将承担相应的民事责任和行政责任;构成犯罪的,将被依法追究刑事责任。为了维护市场秩序,保护读者的合法权益,避免读者误用盗版书造成不良后果,我社将配合行政执法部门和司法机关对违法犯罪的单位和个人进行严厉打击。社会各界人士如发现上述侵权行为,希望及时举报,本社将奖励举报有功人员。

反盗版举报电话　(010)58581897　58582371　58581879

反盗版举报传真　(010)82086060

反盗版举报邮箱　dd@ hep. com. cn

通信地址　北京市西城区德外大街4号　高等教育出版社法务部

邮政编码　100120